Benedikt Schetelig

Vereinfachte Modellierung von feldbeaufschlagten Kabelbäumen

Benedikt Schetelig

VEREINFACHTE MODELLIERUNG VON FELDBEAUFSCHLAGTEN KABELBÄUMEN

ibidem-Verlag
Stuttgart

Bibliografische Information der Deutschen Nationalbibliothek
Die Deutsche Nationalbibliothek verzeichnet diese Publikation in der Deutschen Nationalbibliografie; detaillierte bibliografische Daten sind im Internet über http://dnb.d-nb.de abrufbar.

Bibliographic information published by the Deutsche Nationalbibliothek
The Deutsche Nationalbibliothek lists this publication in the Deutsche Nationalbibliografie; detailed bibliographic data are available in the Internet at http://dnb.d-nb.de.

Zugl.: Hamburg, Helmut-Schmidt-Universität / Universität der Bundeswehr Hamburg, Dissertation, 2014

Coverabbildungen: © msk.nina / Fotolia.com

∞

Gedruckt auf alterungsbeständigem, säurefreien Papier
Printed on acid-free paper

ISBN-13: 978-3-8382-0634-9

Printed in Germany

Die Neugier steht immer an erster Stelle
eines Problems, das gelöst werden will.

Galileo Galilei

Danksagung

Diese Arbeit entstand während meiner Tätigkeit als wissenschaftlicher Mitarbeiter an der Professur Grundlagen der Elektrotechnik der Helmut-Schmidt-Universität / Universität der Bundeswehr Hamburg.

Ich möchte Herrn Prof. Dr.-Ing. Stefan Dickmann für die Betreuung der Arbeit, seine freundliche Unterstützung und Übernahme des Hauptreferats danken.

Bei Herrn Prof. Dr.-Ing. Jan Luiken ter Haseborg bedanke ich mich für die Bereitschaft der Übernahme des Korreferats und sein Interesse an der vorliegenden Arbeit.

Ein herzlicher Dank geht auch an die Kollegen der Professur für das gute Arbeitsklima und die zahlreichen Diskussionen und Gespräche, die zum Gelingen dieser Arbeit beigetragen haben.

Benedikt Schetelig

Inhaltsverzeichnis

1. Einleitung

Die Disziplin der Elektromagnetischen Verträglichkeit (EMV) hat die Aufgabe, den störungsfreien Betrieb elektrischer und elektronischer Komponenten und Anlagen in Bezug auf elektromagnetische Interferenzen sicherzustellen. Die Störfestigkeit verteilter elektronischer Systeme gegenüber externen elektromagnetischen Feldern ist dabei in hohem Maße von dem Netzwerk abhängig, das die beteiligten Geräte miteinander verbindet. Ein Grund ist die große Ausdehnung des Netzwerkes. Die direkte Einkopplung in die Komponenten findet aufgrund der meist kleineren Gehäuseabmessungen vielfach nur im oberen Frequenzbereich statt. Bei leitungsgebundenen Störungen spielt die Netzwerkstruktur ebenfalls eine elementare Rolle. Aus diesem Grund ist es wichtig, bei Störfestigkeitsanalysen ausgedehnter elektronischer Anlagen die Kabelnetzwerke adäquat zu berücksichtigen.

Für die Beschreibung der Einkopplung elektromagnetischer Felder in Kabelbäume bieten sich unterschiedliche Methoden an. Eine gute Übersicht numerischer Rechenverfahren in der EMV ist in [1] zu finden. Bei der Wahl einer Methode muss berücksichtigt werden, dass die Kabelbäume nicht isoliert, sondern im Kontext der sie umgebenden Struktur berücksichtigt werden sollten.

Bei der Entscheidung für ein numerisches Feldberechnungsverfahren fällt in dieser Arbeit die Wahl aufgrund der geometrischen Größe der zu berechnenden Strukturen auf die Momentenmethode (MoM) mit ihrer Implementierung in EMSS Feko. Die Momentenmethode stellt mit ihrer Flächendiskretisierung gegenüber Methoden, die eine Volumendiskretisierung erfordern (z. B. FDTD), einen geeigneteren Ansatz dar. Dennoch ist die Existenz von umfangreichen Kabelbäumen auch in einer oberflächendiskretisierten Modellumgebung eine besondere Herausforderung: Eine akkurate Berechnung von geometrisch feinen Kabelstrukturen bedeutet aufgrund der im CAD-Modell notwendigen Kabelsegmente eine hohe Anzahl von Gitterzellen. In großen Mehrraumstrukturen mit umfangreichen Kabelbäumen resultieren daraus besondere Anforderungen an die verwendete Rechentechnik.

Vor diesem Hintergrund stellt sich die Frage, wie mit Standard-Tools auf MoM-Basis, wie z.B. Feko, eine zu untersuchende Geometrie inklusive des Kabelbaums so modelliert werden kann, dass eine Rechenzeitverkürzung erreicht werden kann. Dabei soll es nicht darum gehen, die numerischen Algorithmen der verwendeten Methoden zu optimieren; Ziel ist vielmehr eine intelligente Modellbildung, die unter Anwendung der eingeführten Berechnungsmethoden eine effiziente Analyse ermöglicht. Es sollen also Ersatzdarstellungen gefunden werden, die gegenüber der originalen Darstellung eine reduzierte Geometrie aufweisen, aber dennoch eine gleiche - oder ähnliche - Charakteristik bezüglich der Feldeinkopplung besitzen.

In diesem Kontext konzentriert sich diese Arbeit auf die Modellierung der Mehrleiterkabelbäume. Nachdem in **Kapitel 2** die notwendigen Grundlagen der Mehrleitertheorie gelegt sind, werden in den folgenden Kapiteln verschiedene Ansätze für eine reduzierte und vereinfachte Beschreibung von Mehraderleitungen verfolgt. Dabei werden sowohl der Kabelquerschnitt, die Leitungslänge als auch der strukturelle Aufbau modifiziert.

In **Kapitel 3** wird die Beobachtung von Andrieu [2] aufgegriffen, dass die in die einzelnen Adern eines Mehrleiterkabels induzierten Störungen große Ähnlichkeiten besitzen und ein Mehraderleiter deshalb mit einer reduzierten Anzahl von Adern modelliert werden kann. In einem ersten Schritt wird dieses Verfahren für verdrillte Adernpaare angepasst. Danach erfolgt die Untersuchung und Berücksichtigung von in den Kabelpfad eingefügten Inhomogenitäten.

Die Verwendung eines Ersatzkabelbaums mit einer reduzierten Anzahl von Adern beruht bei [2] auf der Einteilung der Originaladern in Abhängigkeit ihrer Störfestigkeit in Gruppen. In dieser Arbeit wird in Abschnitt 3.2 anstelle der Gruppierung eine graduelle Gewichtung des Einflusses der einzelnen Adern eingeführt. Dies ermöglicht die Verwendung einer einzelnen Ader als Ersatz für die Berechnung eines Mehrleiterkabels.

Für die Gewichtung bieten sich verschiedene, aus den physikalischen Eigenschaften des Kabels abgeleitete Kriterien an. Drei verschiedene Varianten werden vorgestellt.

Kapitel 4 schildert für Mehrleiterkabelbäume die Zerlegung von Kabel*pfaden*, die nur partiell eine Störbeaufschlagung erfahren. Hier wird ausgenutzt, dass ein abgeschirmter

Abschnitt ohne Feldbeaufschlagung mit Mitteln der Leitungstheorie schneller zu berechnen ist, als wenn dieser einer numerischen Analyse unterzogen werden muss.

In **Kapitel 5** erfolgt die leitungstheoretische Beschreibung geschirmter Mehrleiterkabel. Der Ansatz zur Reduktion des Kabelquerschnitts (Kapitel 3) wird auf diesen Anwendungsfall erweitert. Die Einführung äquivalenter Transferparameter erlaubt zudem eine einfache Charakterisierung des Kabelschirms.

Die Arbeit schließt mit einer Zusammenfassung.

2. Leitungstheorie für Mehrfachleiter

2.1. Voraussetzungen und Gültigkeit

Die Methodik der Leitungstheorie bietet einen gut handhabbaren theoretischen Zugang zur Beschreibung der Ausbreitungsvorgänge von Spannungen und Strömen auf Leitungen. Dieses aus den Maxwell'schen Gleichungen abgeleitete Verfahren erfordert die Einhaltung einer Reihe von Randbedingungen [3]:

Die grundlegende Rahmenbedingung ist die Annahme, dass das elektrische und das magnetische Feld auf der Leitung senkrecht zur Ausbreitungsrichtung stehen. In diesem Fall spricht man von einer transversalen elektromagnetischen ("TEM"-) Welle. Um sicherzustellen, dass sich im Wesentlichen nur TEM-Wellen auf einer Leitung ausbreiten, können mehrere Bedingungen für die Geometrie der Kabel abgeleitet werden. Zunächst wird gefordert, dass es sich um eine Struktur mit einer primären Ausbreitungsrichtung handelt, dass also die Länge sehr viel größer ist als die Querschnittsabmessungen. Außerdem müssen die Querschnittsabmessungen erheblich kleiner als eine Wellenlänge sein.

Des Weiteren wird angenommen, dass die Leitungen in Abbildung 2.1 (links) ideal leitfähig sind und einen über die Leitungslänge konstanten Querschnitt besitzen. Das Umgebungsmedium muss homogen sein, darf jedoch verlustbehaftet sein. Aus der unendlich guten Leitfähigkeit für die Leiter ergibt sich, dass die elektrischen Feldlinien senkrecht auf den Oberflächen der Leiter und die magnetischen Feldlinien tangential zu ihnen angeordnet sein müssen (Abbildung 2.1 - rechts). Damit sind die Leitungsströme in Ausbreitungsrichtung z orientiert und die Leitungsspannung $U_1(z)$ kann zwischen dem Hinleiter L_1 und dem Rückleiter L_0 definiert werden.

Die Berücksichtigung von Leitern mit einer endlichen Leitfähigkeit führt - im Gegensatz zu einem verlustbehafteten Umgebungsmedium - zur Verletzung der TEM-Bedingung.

Die Verluste im Leiter führen zu ohmschen Spannungsabfällen entlang der Leitung und damit zu einer Komponente des elektrischen Feldes in Ausbreitungsrichtung. Ist der ohmsche Anteil des Spannungsabfalls klein gegenüber dem induktiven, kann jedoch von einer "Quasi-TEM"-Wellenleitung gesprochen werden [4]. Dies ist auch der Fall, wenn die anderen Randbedingungen (z. B. Inhomogenität des Umgebungsmediums) geringfügig verletzt werden.

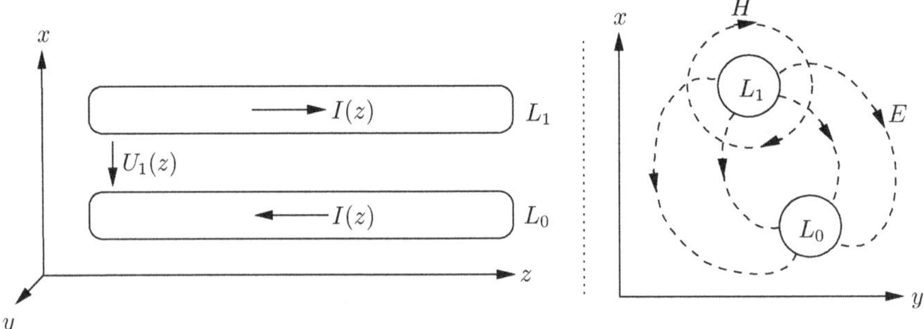

Abbildung 2.1.: Spannung und Strom (links) und TEM-Feld (rechts) auf einer Einfachleitung (nach [3])

In der Leitungstheorie wird angenommen, dass die Stromsumme an jeder Stelle der Leitung 0 beträgt. Es wird davon ausgegangen, dass alle Ströme, die sich in Ausbreitungsrichtung $+z$ ausbreiten, als Summe über einen gemeinsamen Referenzleiter zurückfließen. Bei ungeschirmten Leitungen ist dies oft eine gemeinsame Massefläche, bei Schirmkabeln wird der Kabelschirm herangezogen. Die Wahl des Rückleiters ist jedoch letztlich eine Frage der Modellbildung.

Aufgrund der Annahme der verschwindenden Stromsumme werden mit der Leitungstheorie lediglich die Gegentaktanteile von Spannung und Strom berücksichtigt. Die Vernachlässigung der Gleichtaktanteile kann bei der Berechnung von Spannungen und Strömen entlang der Leitung zu Fehlern führen [5]. An den Leitungsenden spielen die Gleichtaktanteile jedoch keine Rolle.

Die Beschränkung auf Gegentaktanteile muss auch bei der Berechnung der Feldabstrahlung bzw. -einkopplung berücksichtigt werden. Die mathematischen Grundlagen der Beschreibung der Feldeinkopplung mit Mitteln der Leitungstheorie werden in Abschnitt 2.3 behandelt. Die dort aufgeführten Rechnungen führen für die Leitungsabschlüsse zu korrekten Ergebnissen. Für die Strom- und Spannungsverteilung entlang der Leitung führt die Vernachlässigung der Feldkomponenten, die einen Gleichtaktstrom induzieren könnten, jedoch zu Abweichungen. Umgekehrt ist die Leitungstheorie auch nur bedingt dazu geeignet, das elektromagnetische Feld in der Umgebung einer Leitung zu beschreiben.

2.2. Spannungen und Ströme auf Mehrfachleitern

In der Leitungstheorie kann die Ausbreitung elektromagnetischer Wellen auf einem Mehrleiterkabel mithilfe des Ersatzschaltbilds in Abbildung 2.2 beschrieben werden. Das Ersatzschaltbild stellt einen kurzen Kabelabschnitt der Länge Δz mit $N+1$ Leitern dar. Der Leiter 0 dient den übrigen N Leitern als Referenz- und Rückleiter.

Den Leitern sind ohmsche (R'_k) und induktive (L'_k) Leitungsbeläge zugeordnet. Die kapazitiven Verkopplungen der Leitungen untereinander werden durch die Elemente C'_k und C'_kl dargestellt. Die ohmsche Leitfähigkeit des Mediums zwischen den Leitern wird durch die Admittanzbeläge (G'_k, G'_kl) repräsentiert. Die Gegeninduktivitätsbeläge (M'_kl) werden durch Pfeile angedeutet.

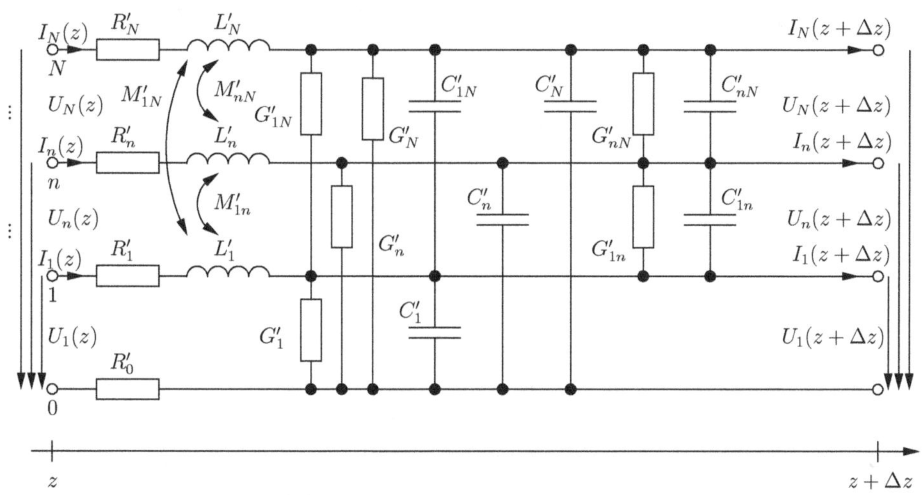

Abbildung 2.2.: Ersatzschaltbild für eine Mehraderleitung

Mithilfe der Kirchhoff'schen Maschen- und Knotenregeln können für jede der N Leitungen zwei Gleichungen aufgestellt werden:

$$
\begin{aligned}
U_n(z) =& [R'_n + \mathrm{j}\omega L'_n]\Delta z \cdot I_n(z) + \sum_{k=1,k\neq n}^{N} \mathrm{j}\omega M'_{nk}\Delta z \cdot I_k(z) \\
&+ \sum_{k=1}^{N}[R'_0\Delta z \cdot I_k(z)] + U_n(z+\Delta z) \;,
\end{aligned} \tag{2.1}
$$

$$
\begin{aligned}
I_n(z) =& [G'_n + \mathrm{j}\omega C'_n]\Delta z \cdot U_n(z+\Delta z) \\
&+ \sum_{k=1,k\neq n}^{N} [G'_{nk} + \mathrm{j}\omega C'_{nk}]\Delta z \cdot [U_n(z+\Delta z) - U_k(z+\Delta z)] \\
&+ I_n(z+\Delta z) \;.
\end{aligned} \tag{2.2}
$$

Die Leitungsbeläge können zusammengefasst dargestellt werden als:

$$
\boldsymbol{Z}' = \begin{pmatrix} R'_0 + R'_1 + \mathrm{j}\omega L'_1 & R'_0 + \mathrm{j}\omega M'_{12} & ... \\ R'_0 + \mathrm{j}\omega M'_{21} & R'_0 + R'_2 + \mathrm{j}\omega L'_2 & ... \\ ... & ... & ... \end{pmatrix} , \tag{2.3}
$$

$$
\boldsymbol{Y}' = \begin{pmatrix} (G'_1 + \mathrm{j}\omega C'_1) + \sum_{k=2}^{N}(G'_{1k} + \mathrm{j}\omega C'_{1k}) & -(G'_{12} + \mathrm{j}\omega C'_{12}) & ... \\ -(G'_{21} + \mathrm{j}\omega C'_{21}) & (G'_2 + \mathrm{j}\omega C'_2) + \sum_{k=1,k\neq 2}^{N}(G'_{2k} + \mathrm{j}\omega C'_{2k}) & ... \\ ... & ... & ... \end{pmatrix} . \tag{2.4}
$$

Mit der Grenzwertbetrachtung $\Delta z \to 0$ können Gl. 2.1 und Gl. 2.2 in vektorieller Schreibweise dargestellt werden als:

$$
-\frac{\mathrm{d}\boldsymbol{U}(z)}{\mathrm{d}z} = \boldsymbol{Z}' \cdot \boldsymbol{I}(z) \;, \tag{2.5}
$$

$$
-\frac{\mathrm{d}\boldsymbol{I}(z)}{\mathrm{d}z} = \boldsymbol{Y}' \cdot \boldsymbol{U}(z) \;. \tag{2.6}
$$

Um diese Differenzialgleichungen zu lösen, werden beide Gleichungen nach z abgeleitet und ineinander eingesetzt. Dann ergeben sich zwei jeweils nur von $\boldsymbol{U}$ bzw. $\boldsymbol{I}$ abhängende

Differenzialgleichungen zweiter Ordnung:

$$\frac{\mathrm{d}^2\boldsymbol{U}(z)}{\mathrm{d}z^2} = \boldsymbol{Z}'\boldsymbol{Y}' \cdot \boldsymbol{U}(z) \ , \tag{2.7}$$

$$\frac{\mathrm{d}^2\boldsymbol{I}(z)}{\mathrm{d}z^2} = \boldsymbol{Y}'\boldsymbol{Z}' \cdot \boldsymbol{I}(z) \ . \tag{2.8}$$

Die Matrizen $(\boldsymbol{Z}'\boldsymbol{Y}')$ bzw. $(\boldsymbol{Y}'\boldsymbol{Z}')$ sind im Allgemeinen voll besetzt. Damit sind die N Spannungs- bzw. Stromgleichungen jeweils alle miteinander verkoppelt. Um die einzelnen Zeilen voneinander zu entkoppeln, wird eine Variablen- bzw. Ähnlichkeitstransformation vorgenommen [3]:

$$\boldsymbol{U}(z) = \boldsymbol{T}_{\mathrm{U}} \cdot \boldsymbol{U}_{\mathrm{m}}(z) \ , \tag{2.9}$$

$$\boldsymbol{I}(z) = \boldsymbol{T}_{\mathrm{I}} \cdot \boldsymbol{I}_{\mathrm{m}}(z) \ . \tag{2.10}$$

$\boldsymbol{T}_{\mathrm{U}}$ und $\boldsymbol{T}_{\mathrm{I}}$ sind noch zu bestimmende Transformationsmatrizen, die die physikalischen Größen $\boldsymbol{U}$, $\boldsymbol{I}$ in die gewichteten Anteile der modalen Größen $\boldsymbol{U}_{\mathrm{m}}$, $\boldsymbol{I}_{\mathrm{m}}$ zerlegen. Setzt man diese Zusammenhänge in Gl. 2.7 und Gl. 2.8 ein, ergibt sich nach kurzer Umformung:

$$\frac{\mathrm{d}^2\boldsymbol{U}_{\mathrm{m}}(z)}{\mathrm{d}z^2} = (\boldsymbol{T}_{\mathrm{U}}^{-1}\boldsymbol{Z}'\boldsymbol{Y}'\boldsymbol{T}_{\mathrm{U}}) \cdot \boldsymbol{U}_{\mathrm{m}}(z) \ , \tag{2.11}$$

$$\frac{\mathrm{d}^2\boldsymbol{I}_{\mathrm{m}}(z)}{\mathrm{d}z^2} = (\boldsymbol{T}_{\mathrm{I}}^{-1}\boldsymbol{Y}'\boldsymbol{Z}'\boldsymbol{T}_{\mathrm{I}}) \cdot \boldsymbol{I}_{\mathrm{m}}(z) \ . \tag{2.12}$$

Sind $\boldsymbol{T}_{\mathrm{U}}$ und $\boldsymbol{T}_{\mathrm{I}}$ geeignet gewählt, so erhält der jeweils erste Term auf der rechten Seite Diagonalgestalt und es gilt [6]:

$$(\boldsymbol{T}_{\mathrm{U}}^{-1}\boldsymbol{Z}'\boldsymbol{Y}'\boldsymbol{T}_{\mathrm{U}}) = (\boldsymbol{T}_{\mathrm{I}}^{-1}\boldsymbol{Y}'\boldsymbol{Z}'\boldsymbol{T}_{\mathrm{I}}) = \boldsymbol{\gamma}^2 = \mathrm{diag}\{\gamma_n^2\} \ . \tag{2.13}$$

Damit sind die einzelnen Zeilen der modalen Differenzialgleichungen 2.11, 2.12 voneinander entkoppelt. Die Diagonalmatrix $\boldsymbol{\gamma}^2$ besteht aus den Eigenwerten γ_n^2 von $\boldsymbol{Z}'\boldsymbol{Y}' =: \boldsymbol{A}$ bzw. $\boldsymbol{Y}'\boldsymbol{Z}' =: \boldsymbol{B}$. Die Eigenvektoren von $\boldsymbol{A}$ bzw. $\boldsymbol{B}$ stellen die Spalten der Transformationsmatrizen $\boldsymbol{T}_{\mathrm{U}}$ bzw. $\boldsymbol{T}_{\mathrm{I}}$ dar. γ_n bezeichnet die Ausbreitungskonstante der n-ten unabhängigen Eigenwelle.

Damit liegen jetzt $2 \cdot N$ entkoppelte Differenzialgleichungen vor:

$$\frac{\mathrm{d}^2 \boldsymbol{U}_{\mathrm{m}}(z)}{\mathrm{d}z^2} = \boldsymbol{\gamma}^2 \cdot \boldsymbol{U}_{\mathrm{m}}(z) \; , \tag{2.14}$$

$$\frac{\mathrm{d}^2 \boldsymbol{I}_{\mathrm{m}}(z)}{\mathrm{d}z^2} = \boldsymbol{\gamma}^2 \cdot \boldsymbol{I}_{\mathrm{m}}(z) \; . \tag{2.15}$$

Zunächst wird nun aus Gl. 2.14 $\boldsymbol{U}_{\mathrm{m}}(z)$ bestimmt, woraus sich mit Gl. 2.9 $\boldsymbol{U}(\mathrm{z})$ ergibt. Daraus erfolgt schließlich mit Gl. 2.5 die Bestimmung von $\boldsymbol{I}(\mathrm{z})$.

Als Lösungsansatz für $\boldsymbol{U}_{\mathrm{m}}(z)$ kann die Überlagerung von hin- und rücklaufenden Wellen angenommen werden [6, 7]:

$$\boldsymbol{U}_{\mathrm{m}}(z) = \mathrm{diag}\{\mathrm{e}^{-\gamma_n \cdot z}\} \cdot \boldsymbol{U}_{\mathrm{m}}^{+}(0) + \mathrm{diag}\{\mathrm{e}^{\gamma_n \cdot z}\} \cdot \boldsymbol{U}_{\mathrm{m}}^{-}(0) \; . \tag{2.16}$$

mit:

$$\mathrm{diag}\{\mathrm{e}^{\gamma_n \cdot z}\} := \begin{pmatrix} \mathrm{e}^{\gamma_1 \cdot z} & \dots & 0 & \dots & 0 \\ \dots & \dots & \dots & \dots & \dots \\ 0 & \dots & \mathrm{e}^{\gamma_n \cdot z} & \dots & 0 \\ \dots & \dots & \dots & \dots & \dots \\ 0 & \dots & 0 & \dots & \mathrm{e}^{\gamma_N \cdot z} \end{pmatrix} . \tag{2.17}$$

Die Konstanten $\boldsymbol{U}_{\mathrm{m}}^{+}(0)$ und $\boldsymbol{U}_{\mathrm{m}}^{-}(0)$ können aus den Abschlussbedingungen an den Leitungsenden bestimmt werden. Dazu wird die Ableitung von Gl. 2.16 mit Gl. 2.9 in Gl. 2.5 eingesetzt:

$$\boldsymbol{Z}' \cdot \boldsymbol{I}(z) = \boldsymbol{T}_{\mathrm{U}} \cdot \boldsymbol{\gamma} \cdot \mathrm{diag}\{\mathrm{e}^{-\gamma_n \cdot z}\} \cdot \boldsymbol{U}_{\mathrm{m}}^{+}(0) - \boldsymbol{T}_{\mathrm{U}} \cdot \boldsymbol{\gamma} \cdot \mathrm{diag}\{\mathrm{e}^{\gamma_n \cdot z}\} \cdot \boldsymbol{U}_{\mathrm{m}}^{-}(0) \; . \tag{2.18}$$

Wertet man dann Gl. 2.9 und Gl. 2.18 am Leitungsanfang ($z = 0$) aus, so ergibt sich:

$$\boldsymbol{U}(0) = \boldsymbol{T}_{U} \cdot \boldsymbol{U}_{\mathrm{m}}(0) = \boldsymbol{T}_{\mathrm{U}} \cdot \boldsymbol{U}_{\mathrm{m}}^{+}(0) + \boldsymbol{T}_{\mathrm{U}} \cdot \boldsymbol{U}_{\mathrm{m}}^{-}(0) \; , \tag{2.19}$$

$$\boldsymbol{Z}' \cdot \boldsymbol{I}(0) = \boldsymbol{T}_{\mathrm{U}} \cdot \boldsymbol{\gamma} \cdot \boldsymbol{U}_{\mathrm{m}}^{+}(0) - \boldsymbol{T}_{\mathrm{U}} \cdot \boldsymbol{\gamma} \cdot \boldsymbol{U}_{\mathrm{m}}^{-}(0) \; . \tag{2.20}$$

Diese zwei Gleichungen können schließlich nach $\boldsymbol{U}_{\mathrm{m}}^{+}(0)$ und $\boldsymbol{U}_{\mathrm{m}}^{-}(0)$ umgeformt werden, indem sie erst nach $(\boldsymbol{U}_{\mathrm{m}}^{+}(0) \pm \boldsymbol{U}_{\mathrm{m}}^{-}(0))$ umgeformt und dann addiert bzw. subtrahiert werden:

$$\boldsymbol{U}_{\mathrm{m}}^{+}(0) = 0{,}5 \cdot \boldsymbol{T}_{\mathrm{U}}^{-1} \cdot \boldsymbol{U}(0) + 0{,}5 \cdot \boldsymbol{\gamma}^{-1}\boldsymbol{T}_{\mathrm{U}}^{-1}\boldsymbol{Z}'\boldsymbol{I}(0)\ , \tag{2.21}$$

$$\boldsymbol{U}_{\mathrm{m}}^{-}(0) = 0{,}5 \cdot \boldsymbol{T}_{\mathrm{U}}^{-1} \cdot \boldsymbol{U}(0) - 0{,}5 \cdot \boldsymbol{\gamma}^{-1}\boldsymbol{T}_{\mathrm{U}}^{-1}\boldsymbol{Z}'\boldsymbol{I}(0)\ . \tag{2.22}$$

Damit kann nun aus Gl. 2.16 mit Gl. 2.9 $\boldsymbol{U}(z)$ bestimmt werden:

$$\boldsymbol{U}(z) = \boldsymbol{T}_{\mathrm{U}} \cdot \left[\mathrm{diag}\{\mathrm{e}^{-\gamma_n \cdot z}\} \cdot \boldsymbol{U}_{\mathrm{m}}^{+}(0) + \mathrm{diag}\{\mathrm{e}^{\gamma_n \cdot z}\} \cdot \boldsymbol{U}_{\mathrm{m}}^{-}(0)\right]\ . \tag{2.23}$$

Wenn man Gl. 2.23 in Gl. 2.5 einsetzt, ergibt sich für den Stromvektor

$$\begin{aligned}
\boldsymbol{I}(z) &= -\boldsymbol{Z}'^{-1} \cdot \frac{\mathrm{d}\boldsymbol{U}(z)}{\mathrm{d}z} \\
&= \boldsymbol{Z}'^{-1}\boldsymbol{T}_{\mathrm{U}}\boldsymbol{\gamma} \cdot \left[\mathrm{diag}\{\mathrm{e}^{-\gamma_n \cdot z}\} \cdot \boldsymbol{U}_{\mathrm{m}}^{+}(0) - \mathrm{diag}\{\mathrm{e}^{\gamma_n \cdot z}\} \cdot \boldsymbol{U}_{\mathrm{m}}^{-}(0)\right] \qquad (2.24) \\
&= \underbrace{\boldsymbol{Z}'^{-1}\boldsymbol{T}_{\mathrm{U}}\boldsymbol{\gamma}\boldsymbol{T}_{\mathrm{U}}^{-1}}_{:=\boldsymbol{Z}_{\mathrm{c}}^{-1}}\boldsymbol{T}_{\mathrm{U}} \cdot \left[\mathrm{diag}\{\mathrm{e}^{-\gamma_n \cdot z}\} \cdot \boldsymbol{U}_{\mathrm{m}}^{+}(0) - \mathrm{diag}\{\mathrm{e}^{\gamma_n \cdot z}\} \cdot \boldsymbol{U}_{\mathrm{m}}^{-}(0)\right]\ . \qquad (2.25)
\end{aligned}$$

$\boldsymbol{Z}_{\mathrm{c}}$ ist die Leitungswellenimpedanz.

Damit kann zusammengefasst werden:

$$\boldsymbol{U}(z) = \boldsymbol{T}_{\mathrm{U}} \cdot \left[\mathrm{diag}\{\mathrm{e}^{-\gamma_n \cdot z}\} \cdot \boldsymbol{U}_{\mathrm{m}}^{+}(0) + \mathrm{diag}\{\mathrm{e}^{\gamma_n \cdot z}\} \cdot \boldsymbol{U}_{\mathrm{m}}^{-}(0)\right]\ , \tag{2.26}$$

$$\boldsymbol{I}(z) = \boldsymbol{Z}_{\mathrm{c}}^{-1}\boldsymbol{T}_{\mathrm{U}} \cdot \left[\mathrm{diag}\{\mathrm{e}^{-\gamma_n \cdot z}\} \cdot \boldsymbol{U}_{\mathrm{m}}^{+}(0) - \mathrm{diag}\{\mathrm{e}^{\gamma_n \cdot z}\} \cdot \boldsymbol{U}_{\mathrm{m}}^{-}(0)\right]\ . \tag{2.27}$$

Jetzt werden die Bestimmungsgleichungen für Spannung und Strom auf der Leitung (Gl. 2.26, Gl. 2.27) und die aus den Abschlussbedingungen hergeleiteten Terme für $\boldsymbol{U}_{\mathrm{m}}^{+}(0)$ und $\boldsymbol{U}_{\mathrm{m}}^{-}(0)$ (Gl. 2.21, Gl. 2.22) zusammengefügt,

$$\begin{aligned}
\boldsymbol{U}(z) =& 0{,}5 \cdot \boldsymbol{T}_{\mathrm{U}} \cdot \left[\mathrm{diag}\{\mathrm{e}^{-\gamma_n \cdot z}\} + \mathrm{diag}\{\mathrm{e}^{+\gamma_n \cdot z}\}\right] \cdot \boldsymbol{T}_{\mathrm{U}}^{-1} \cdot \boldsymbol{U}(0) \\
&+ 0{,}5 \cdot \boldsymbol{T}_{\mathrm{U}} \left[\mathrm{diag}\{\mathrm{e}^{-\gamma_n \cdot z}\} - \mathrm{diag}\{\mathrm{e}^{+\gamma_n \cdot z}\}\right] \cdot \boldsymbol{\gamma}^{-1}\boldsymbol{T}_{\mathrm{U}}^{-1} \cdot \boldsymbol{Z}'\boldsymbol{I}(0)\ , \qquad (2.28) \\
\boldsymbol{I}(z) =& 0{,}5 \cdot \boldsymbol{Z}'^{-1} \cdot \boldsymbol{T}_{\mathrm{U}} \cdot \boldsymbol{\gamma} \left[\mathrm{diag}\{\mathrm{e}^{-\gamma_n \cdot z}\} - \mathrm{diag}\{\mathrm{e}^{+\gamma_n \cdot z}\}\right] \cdot \boldsymbol{T}_{\mathrm{U}}^{-1} \cdot \boldsymbol{U}(0) \\
&+ 0{,}5 \cdot \boldsymbol{Z}'^{-1} \cdot \boldsymbol{T}_{\mathrm{U}} \cdot \boldsymbol{\gamma} \cdot \left[\mathrm{diag}\{\mathrm{e}^{-\gamma_n \cdot z}\} + \mathrm{diag}\{\mathrm{e}^{+\gamma_n \cdot z}\}\right] \cdot \boldsymbol{\gamma}^{-1} \cdot \boldsymbol{T}_{\mathrm{U}}^{-1}\boldsymbol{Z}'\boldsymbol{I}(0)\ , \qquad (2.29)
\end{aligned}$$

und mit den Euler'schen Formeln umgeschrieben zu:

$$\begin{aligned} \boldsymbol{U}(z) =& \boldsymbol{T}_{\mathrm{U}} \cdot \cosh(\boldsymbol{\gamma} \cdot z) \cdot \boldsymbol{T}_{\mathrm{U}}^{-1} \cdot \boldsymbol{U}(0) - \boldsymbol{T}_{\mathrm{U}} \cdot \sinh(\boldsymbol{\gamma} \cdot z) \cdot \boldsymbol{\gamma}^{-1} \boldsymbol{T}_{\mathrm{U}}^{-1} \cdot \boldsymbol{Z}' \boldsymbol{I}(0) \ , & (2.30) \\ \boldsymbol{I}(z) =& - \boldsymbol{Z}'^{-1} \cdot \boldsymbol{T}_{\mathrm{U}} \cdot \boldsymbol{\gamma} \cdot \sinh(\boldsymbol{\gamma} \cdot z) \cdot \boldsymbol{T}_{\mathrm{U}}^{-1} \cdot \boldsymbol{U}(0) \\ & + \boldsymbol{Z}'^{-1} \cdot \boldsymbol{T}_{\mathrm{U}} \cdot \boldsymbol{\gamma} \cdot \cosh(\boldsymbol{\gamma} \cdot z) \cdot \boldsymbol{\gamma}^{-1} \cdot \boldsymbol{T}_{\mathrm{U}}^{-1} \boldsymbol{Z}' \boldsymbol{I}(0) \ . & (2.31) \end{aligned}$$

Die Gl. 2.28 und 2.29 können zu einer Kettenmatrixdarstellung zusammengefasst werden:

$$\underbrace{\begin{pmatrix} \boldsymbol{U}(z) \\ \boldsymbol{I}(z) \end{pmatrix}}_{\boldsymbol{V}(z)} = \underbrace{\begin{pmatrix} \boldsymbol{\Phi}_{11}(z) & \boldsymbol{\Phi}_{12}(z) \\ \boldsymbol{\Phi}_{21}(z) & \boldsymbol{\Phi}_{22}(z) \end{pmatrix}}_{\boldsymbol{\Phi}(z)} \cdot \underbrace{\begin{pmatrix} \boldsymbol{U}(0) \\ \boldsymbol{I}(0) \end{pmatrix}}_{\boldsymbol{V}(0)} , \qquad (2.32)$$

mit den Elementen der Kettenmatrix:

$$\begin{aligned} \boldsymbol{\Phi}_{11}(z) =& 0{,}5 \cdot \boldsymbol{T}_{\mathrm{U}} \cdot \left[\mathrm{diag}\{\mathrm{e}^{-\gamma_n \cdot z}\} + \mathrm{diag}\{\mathrm{e}^{+\gamma_n \cdot z}\}\right] \cdot \boldsymbol{T}_{\mathrm{U}}^{-1} \ , & (2.33) \\ \boldsymbol{\Phi}_{12}(z) =& 0{,}5 \cdot \boldsymbol{T}_{\mathrm{U}} \left[\mathrm{diag}\{\mathrm{e}^{-\gamma_n \cdot z}\} - \mathrm{diag}\{\mathrm{e}^{+\gamma_n \cdot z}\}\right] \cdot \boldsymbol{\gamma}^{-1} \boldsymbol{T}_{\mathrm{U}}^{-1} \cdot \boldsymbol{Z}' \ , & (2.34) \\ \boldsymbol{\Phi}_{21}(z) =& 0{,}5 \cdot \boldsymbol{Z}'^{-1} \cdot \boldsymbol{T}_{\mathrm{U}} \cdot \boldsymbol{\gamma} \left[\mathrm{diag}\{\mathrm{e}^{-\gamma_n \cdot z}\} - \mathrm{diag}\{\mathrm{e}^{+\gamma_n \cdot z}\}\right] \cdot \boldsymbol{T}_{\mathrm{U}}^{-1} \ , & (2.35) \\ \boldsymbol{\Phi}_{22}(z) =& 0{,}5 \cdot \boldsymbol{Z}'^{-1} \cdot \boldsymbol{T}_{\mathrm{U}} \cdot \boldsymbol{\gamma} \cdot \left[\mathrm{diag}\{\mathrm{e}^{-\gamma_n \cdot z}\} + \mathrm{diag}\{\mathrm{e}^{+\gamma_n \cdot z}\}\right] \cdot \boldsymbol{\gamma}^{-1} \cdot \boldsymbol{T}_{\mathrm{U}}^{-1} \boldsymbol{Z}' \ . & (2.36) \end{aligned}$$

Sollen die Spannungen und Ströme nicht in einer Kettendarstellung, sondern in Abhängigkeit von den Abschlussnetzwerken ausgedrückt werden, so können die Gl. 2.26, Gl. 2.27 mit den an den Leitungsenden jeweils geltenden Bedingungen neu ausgewertet werden [3]. Es wird angenommen, dass die Netzwerke Quellen enthalten und als Ersatzspannungsquellen- oder Ersatzstromquellennetzwerke beschrieben werden können. Mit den Ersatzstromquellenvektoren $\boldsymbol{I}_{\mathrm{L}}(0)$, $\boldsymbol{I}_{\mathrm{L}}(l)$ und den passiven Admittanznetzwerken $\boldsymbol{Y}_{\mathrm{L}}(0)$, $\boldsymbol{Y}_{\mathrm{L}}(l)$ aus Abbildung 2.3 ergeben sich für die Leitungsenden die Randbedingungen

$$\boldsymbol{I}(0) = \boldsymbol{I}_{\mathrm{L}}(0) - \boldsymbol{Y}_{\mathrm{L}}(0) \cdot \boldsymbol{U}(0) \ , \qquad (2.37)$$

$$\boldsymbol{I}(l) = -\boldsymbol{I}_{\mathrm{L}}(l) + \boldsymbol{Y}_{\mathrm{L}}(l) \cdot \boldsymbol{U}(l) \ . \qquad (2.38)$$

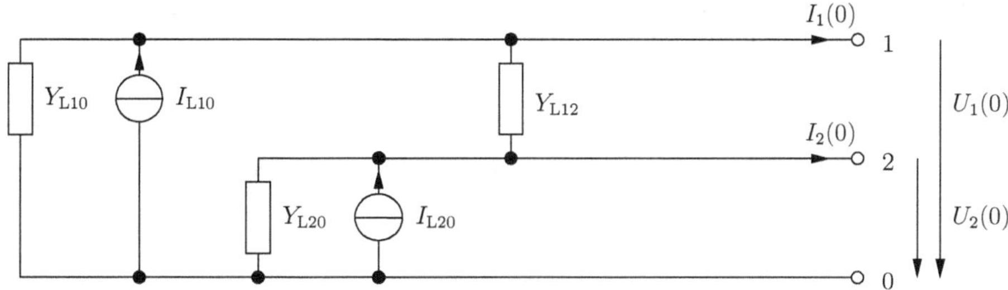

Abbildung 2.3.: Allgemeines Norton-Ersatzschaltbild für MTL-Abschlussnetzwerke

Dabei gilt:

$$\boldsymbol{I}_{\mathrm{L}} = \begin{pmatrix} I_{\mathrm{L10}} \\ I_{\mathrm{L20}} \end{pmatrix} , \tag{2.39}$$

$$\boldsymbol{Y}_{\mathrm{L}} = \begin{pmatrix} Y_{\mathrm{L10}} + Y_{\mathrm{L12}} & -Y_{\mathrm{L12}} \\ -Y_{\mathrm{L12}} & Y_{\mathrm{L20}} + Y_{\mathrm{L21}} \end{pmatrix} , \tag{2.40}$$

mit $Y_{\mathrm{L12}} = Y_{\mathrm{L21}}$.

Die Gleichungen 2.37 und 2.38 werden in die an $z = 0$ und $z = l$ ausgewertete Gl. 2.27 eingesetzt und mit der ebenfalls an $z = 0$ und $z = l$ ausgewerteten Gl. 2.26 zu den gesuchten Größen $\boldsymbol{U}_{\mathrm{m}}^{+}$ und $\boldsymbol{U}_{\mathrm{m}}^{-}$ umgeformt. Es ergibt sich:

$$\begin{pmatrix} \boldsymbol{U}_{\mathrm{m}}^{+}(0) \\ \boldsymbol{U}_{\mathrm{m}}^{-}(0) \end{pmatrix} =$$

$$\begin{pmatrix} \left[\boldsymbol{Y}_{\mathrm{L}}(0) + \boldsymbol{Z}_{\mathrm{c}}^{-1}\right] \boldsymbol{T}_{\mathrm{U}} & \left[\boldsymbol{Y}_{\mathrm{L}}(0) - \boldsymbol{Z}_{\mathrm{c}}^{-1}\right] \boldsymbol{T}_{\mathrm{U}} \\ \left[\boldsymbol{Z}_{\mathrm{c}}^{-1} - \boldsymbol{Y}_{\mathrm{L}}(l)\right] \boldsymbol{T}_{\mathrm{U}} \cdot \mathrm{diag}\{\mathrm{e}^{-\gamma_n \cdot l}\} & \left[-\boldsymbol{Z}_{\mathrm{c}}^{-1} - \boldsymbol{Y}_{\mathrm{L}}(l)\right] \boldsymbol{T}_{\mathrm{U}} \cdot \mathrm{diag}\{\mathrm{e}^{+\gamma_n \cdot l}\} \end{pmatrix}^{-1} \cdot \begin{pmatrix} \boldsymbol{I}_{\mathrm{L}}(0) \\ -\boldsymbol{I}_{\mathrm{L}}(l) \end{pmatrix} . \tag{2.41}$$

Dieser Quellenvektor kann nun als Anregung in den Gl. 2.26, 2.27 verwendet werden.

2.3. Feldeinkopplungen in der Leitungstheorie

Die Einkopplung elektromagnetischer Wellen kann mithilfe verteilter Quellen im Leitungsersatzschaltbild modelliert werden. Dabei kann die Beschreibung in drei verschiedenen, aber äquivalenten Varianten erfolgen [8, 6]:

- Die Beschreibung nach TAYLOR verwendet Spannungsquellen für die Modellierung des Einflusses des einfallenden magnetischen Feldes und Stromquellen zur Abbildung der einfallenden elektrischen Feldkomponente. Die Differenzialgleichungen werden in Abhängigkeit der Gesamtspannung ("total voltage") und des Leitungsstroms formuliert.

- AGRAWAL zerlegt das gesamte elektrische Feld in das einfallende und das gestreute Feld. Das Streufeld ist die Folge der vom einfallenden Feld induzierten Spannungen und Ströme. Die Leitungsdifferenzialgleichungen werden für die Streuspannung und den Leitungsstrom formuliert. Die Streuspannung ist der Anteil der Gesamtspannung, der direkt mit dem elektrischen Streufeld verknüpft ist. Im Quellenterm der Differenzialgleichung wird ausschließlich die zur Leitung tangentiale Komponente des einfallenden elektrischen Felds genutzt. Die mit diesem Gleichungssystem bestimmte Streuspannung kann mithilfe des einfallenden elektrischen Feldes zur Gesamtspannung umgerechnet werden.

- RACHIDI notiert die Leitungsgleichungen für die Gesamtspannung und den Streustrom. Der Streustrom ist der Anteil am Gesamtstrom, der direkt mit dem magnetischen Streufeld verknüpft ist. Im Quellenterm wird ausschließlich das zur Leitung tangentiale einfallende magnetische Feld verwendet.

Beim direkten Vergleich der drei Ansätze muss beachtet werden, dass sie für unterschiedliche Kombinationen von Spannungen und Strömen formuliert sind.

Da die Konzepte von AGRAWAL und RACHIDI entweder nur die Verwendung der tangentialen Komponenten des elektrischen oder des magnetischen Feldes vorsehen, ist bei einer numerischen Berechnung die Bestimmung der notwendigen Feldkomponenten weniger aufwendig als bei dem Ansatz nach TAYLOR. Auf der anderen Seite kann die Berechnung von tangentialen elektrischen Feldern in der direkten Nachbarschaft von großen leitfähigen Strukturen (AGRAWAL) stark fehlerbehaftet sein [9].

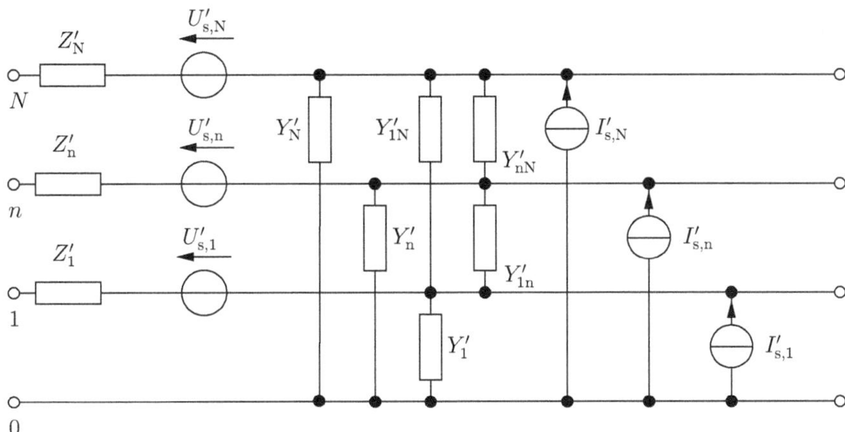

Abbildung 2.4.: ESB der Störeinkopplung in eine Mehraderleitung (nach TAYLOR)

In dieser Arbeit wird der Ansatz nach TAYLOR verwendet. Das zugehörige Ersatzschaltbild ist in Abbildung 2.4 dargestellt. Die auf den Leitungen verteilten Quellenvektoren können aus den Maxwell'schen Gleichungen hergeleitet und als

$$\begin{pmatrix} \dots \\ U'_{s,n} \\ \dots \end{pmatrix} = \boldsymbol{U}'_s = j\omega\mu \begin{pmatrix} \dots \\ \int_0^d H_{y,inc}\, dx \\ \dots \end{pmatrix} , \tag{2.42}$$

$$\begin{pmatrix} \dots \\ I'_{s,n} \\ \dots \end{pmatrix} = \boldsymbol{I}'_s = -(G' + j\omega C') \begin{pmatrix} \dots \\ \int_0^d E_{x,inc}\, dx \\ \dots \end{pmatrix} \tag{2.43}$$

beschrieben werden [5]. Es gelte hier die Nomenklatur aus Abbildung 2.5, wo die Leiter in der x-z-Ebene liegen. H_y stellt dabei die Komponente des magnetischen Feldes dar, die die zwischen Leiter n und dem Referenzleiter aufgespannte Fläche senkrecht durchstößt. E_x ist die senkrecht zwischen den Leitern stehende Komponente des elektrischen Feldes. Das Minuszeichen in Gl. 2.43 ergibt sich aus der Orientierung von E_x entgegen der Spannungsdefinition des n-ten Leiters gegenüber dem Referenzleiter. Der Index "inc" bezieht sich auf die Verwendung des einfallenden Feldes.

Für die mit verteilten Quellen angeregten Leitungen lassen sich mithilfe des Ersatzschaltbildes 2.4 über Maschen- und Knotengleichungen zwei inhomogene Differenzial-

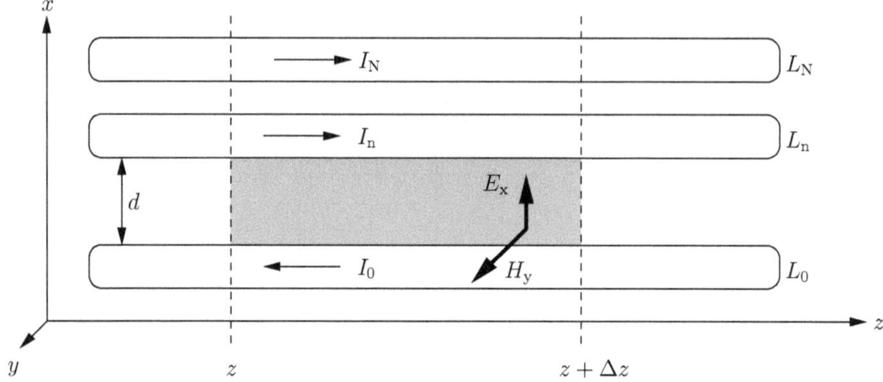

Abbildung 2.5.: Feldkomponenten für die Definition der verteilten Quellen nach TAYLOR

gleichungen aufstellen:

$$-\frac{\mathrm{d}\boldsymbol{U}(z)}{\mathrm{d}z} = \boldsymbol{Z'} \cdot \boldsymbol{I}(z) - \boldsymbol{U}'_{\mathrm{s}}(z) \ , \tag{2.44}$$

$$-\frac{\mathrm{d}\boldsymbol{I}(z)}{\mathrm{d}z} = \boldsymbol{Y'} \cdot \boldsymbol{U}(z) - \boldsymbol{I}'_{\mathrm{s}}(z) \ , \tag{2.45}$$

mit den Quellenvektoren $\boldsymbol{U}'_{\mathrm{s}} = (U'_{\mathrm{s},1}, ..., U'_{\mathrm{s,n}}, ..., U'_{\mathrm{s,N}})^T$ und $\boldsymbol{I}'_{\mathrm{s}} = (I'_{\mathrm{s},1}, ..., I'_{\mathrm{s,n}}, ..., I'_{\mathrm{s,N}})^T$.

Die Differenzialgleichungen können auch zusammengefasst dargestellt werden:

$$-\frac{\mathrm{d}\boldsymbol{V}(z)}{\mathrm{d}z} = \boldsymbol{X}' \cdot \boldsymbol{V}(z) - \boldsymbol{S}'(z) \ , \tag{2.46}$$

mit:

$$\boldsymbol{V}(z) = \begin{pmatrix} \boldsymbol{U}(z) \\ \boldsymbol{I}(z) \end{pmatrix} \ , \tag{2.47}$$

$$\boldsymbol{X}' = \begin{pmatrix} \boldsymbol{0} & \boldsymbol{Z}' \\ \boldsymbol{Y}' & \boldsymbol{0} \end{pmatrix} \ , \tag{2.48}$$

$$\boldsymbol{S}'(z) = \begin{pmatrix} \boldsymbol{U}'_{\mathrm{s}}(z) \\ \boldsymbol{I}'_{\mathrm{s}}(z) \end{pmatrix} \ . \tag{2.49}$$

Gemäß dem Verfahren der Variation der Konstanten kann die Lösung dieser Differenzialgleichung wie folgt als Summe der Lösung der homogenen Differenzialgleichung und einer partikulären Lösung bestimmt werden [10, 9]. Die homogene Lösung wurde bereits aus der zugehörigen Differenzialgleichung

$$-\frac{\mathrm{d}\boldsymbol{V}(z)}{\mathrm{d}z} = \boldsymbol{X}' \cdot \boldsymbol{V}(z) + \boldsymbol{0} \tag{2.50}$$

als Gl. 2.32 bestimmt:

$$\boldsymbol{V}_{\mathrm{h}}(z) = \underbrace{\begin{pmatrix} \boldsymbol{\Phi}_{11}(z) & \boldsymbol{\Phi}_{12}(z) \\ \boldsymbol{\Phi}_{21}(z) & \boldsymbol{\Phi}_{22}(z) \end{pmatrix}}_{\boldsymbol{\Phi}(z)} \cdot \boldsymbol{V}(0) \; . \tag{2.32}$$

Daraus kann mit der zunächst noch unbekannten Funktion $\boldsymbol{V}_0(z)$ als Ansatz für die partikuläre Lösung

$$\boldsymbol{V}_{\mathrm{p}}(z) = \boldsymbol{\Phi}(z) \cdot \boldsymbol{V}_0(z) \tag{2.51}$$

gewonnen werden. Wenn man sie in der Differenzialgleichung (Gl. 2.46) für $\boldsymbol{V}(z)$ einsetzt, ergibt sich

$$\underbrace{-\frac{\mathrm{d}\boldsymbol{\Phi}(z)}{\mathrm{d}z} \cdot \boldsymbol{V}_0(z) - [\boldsymbol{X}' \cdot \boldsymbol{\Phi}(z)]\, \boldsymbol{V}_0(z)}_{=0 \text{ (entspricht homogener DGL)}} - \boldsymbol{\Phi}(z) \cdot \frac{\mathrm{d}\boldsymbol{V}_0(z)}{\mathrm{d}z} = -\boldsymbol{S}'(z) \; , \tag{2.52}$$

das nach $\boldsymbol{V}_0(z)$ umgeformt werden kann:

$$\boldsymbol{V}_0(z) = \int_0^z \boldsymbol{\Phi}^{-1}(w) \cdot \boldsymbol{S}'(w) \, \mathrm{d}w + \boldsymbol{V}_0(0) \tag{2.53}$$

mit der Integrationskonstanten $\boldsymbol{V}_0(0)$. Aus dem Ansatz für die partikuläre Lösung ergibt sich:

$$\boldsymbol{V}_{\mathrm{p}}(z) = \boldsymbol{\Phi}(z) \left[\int_0^z \boldsymbol{\Phi}^{-1}(w) \cdot \boldsymbol{S}'(w) \, \mathrm{d}w + \boldsymbol{V}_0(0) \right] \; . \tag{2.54}$$

Dabei ist $\boldsymbol{\Phi}(w)$ eine Transformation in Richtung $+z$ und $\boldsymbol{\Phi}^{-1}(w)$ eine Transformation in die Richtung $-z$, jeweils über die Länge w. [3]. Damit ist die vollständige Lösung der

Differenzialgleichung bekannt:

$$\boldsymbol{V}(z) = \underbrace{\boldsymbol{\Phi}(z)\cdot\boldsymbol{V}(0)}_{\text{(homogene Lösung)}} + \underbrace{\boldsymbol{\Phi}(z)\left[\int_0^z \boldsymbol{\Phi}^{-1}(w)\cdot\boldsymbol{S}'(w)\,\mathrm{d}w + \boldsymbol{V}_0(0)\right]}_{=\begin{pmatrix}\boldsymbol{U}_\mathrm{s}(z)\\ \boldsymbol{I}_\mathrm{s}(z)\end{pmatrix} =:\, \boldsymbol{V}_\mathrm{s}(z)\ \text{(partikuläre Lösung)}} \,. \tag{2.55}$$

Daraus ergibt sich bei $z = 0$, dass $\boldsymbol{V}_0(0) = 0$ gelten muss [10].

Zum Schluss folgt für $z = l$ die Umschreibung des Supervektors $\boldsymbol{V}(z)$ in Spannungs- und Stromvektoren, die die Einzelwerte für jeden Leiter des Kabels enthalten:

$$\begin{pmatrix}\boldsymbol{U}(l)\\ \boldsymbol{I}(l)\end{pmatrix} = \begin{pmatrix}\boldsymbol{\Phi}_{11}(l) & \boldsymbol{\Phi}_{12}(l)\\ \boldsymbol{\Phi}_{21}(l) & \boldsymbol{\Phi}_{22}(l)\end{pmatrix}\cdot\begin{pmatrix}\boldsymbol{U}(0)\\ \boldsymbol{I}(0)\end{pmatrix} + \underbrace{\int_0^l \begin{pmatrix}\boldsymbol{\Phi}_{11}(l-w) & \boldsymbol{\Phi}_{12}(l-w)\\ \boldsymbol{\Phi}_{21}(l-w) & \boldsymbol{\Phi}_{22}(l-w)\end{pmatrix}\cdot\begin{pmatrix}\boldsymbol{U}'_\mathrm{s}(w)\\ \boldsymbol{I}'_\mathrm{s}(w)\end{pmatrix}\mathrm{d}w}_{=\begin{pmatrix}\boldsymbol{U}_\mathrm{s}(l)\\ \boldsymbol{I}_\mathrm{s}(l)\end{pmatrix} =:\, \boldsymbol{V}_\mathrm{s}(l)} \,. \tag{2.56}$$

Zum Verständnis der Ausbreitungsvorgänge kann die folgende Interpretation von Gl. 2.56 beitragen: Bei Auswertung am Leitungsende ($z = l$) kann die Darstellung der aus $\frac{l}{\Delta z}$ Leitungsstücken der Länge Δz (Abbildung 2.4) zusammengesetzten Gesamtleitung durch ein neues Ersatzschaltbild ersetzt werden (Abbildung 2.6) [3]: Gemäß Gl. 2.56 lässt sich die Leitung nun in zwei Abschnitte zerlegen: Der erste besteht aus einer quellenfreien Leitung der Länge l. Die Wellenleitung wird mithilfe der Transitionsmatrix $\boldsymbol{\Phi}$ ausgedrückt. Der Einfluss der eigentlich über die Leitungslänge verteilten Quellen $(\boldsymbol{U}'_\mathrm{s}\ \boldsymbol{I}'_\mathrm{s})^T$ wird nun durch die diskreten Ersatzquellen $(\boldsymbol{U}_\mathrm{s}\ \boldsymbol{I}_\mathrm{s})^T$ direkt an der Stelle $z = l$ repräsentiert.

Die Einbeziehung der Abschlussnetzwerke kann analog zu dem Vorgehen bei Gl. 2.41 erfolgen [3]:

$$\begin{pmatrix} \boldsymbol{U}_{\mathrm{m}}^{+}(0) \\ \boldsymbol{U}_{\mathrm{m}}^{-}(0) \end{pmatrix} = \begin{pmatrix} \left[\boldsymbol{Y}_{\mathrm{L}}(0) + \boldsymbol{Z}_{\mathrm{c}}^{-1}\right]\boldsymbol{T}_{\mathrm{U}} & \left[\boldsymbol{Y}_{\mathrm{L}}(0) - \boldsymbol{Z}_{\mathrm{c}}^{-1}\right]\boldsymbol{T}_{\mathrm{U}} \\ \left[\boldsymbol{Z}_{\mathrm{c}}^{-1} - \boldsymbol{Y}_{\mathrm{L}}(l)\right]\boldsymbol{T}_{\mathrm{U}} \cdot \mathrm{diag}\{\mathrm{e}^{-\gamma_n \cdot l}\} & \left[-\boldsymbol{Z}_{\mathrm{c}}^{-1} - \boldsymbol{Y}_{\mathrm{L}}(l)\right]\boldsymbol{T}_{\mathrm{U}} \cdot \mathrm{diag}\{\mathrm{e}^{+\gamma_n \cdot l}\} \end{pmatrix}^{-1} \cdot$$

$$\begin{pmatrix} \boldsymbol{I}_{\mathrm{L}}(0) \\ -\boldsymbol{I}_{\mathrm{L}}(l) - \boldsymbol{I}_{\mathrm{s}}(l) + \boldsymbol{Y}_{\mathrm{L}} \cdot \boldsymbol{U}_{\mathrm{s}}(l) \end{pmatrix} . \tag{2.57}$$

Gl. 2.57 kann anschließend als Anregung verwendet werden (s. a. [3]) in:

$$\boldsymbol{U}(z) = \boldsymbol{U}_{\mathrm{s}}(z) + \boldsymbol{T}_{\mathrm{U}} \cdot \left[\mathrm{diag}\{\mathrm{e}^{-\gamma_n \cdot z}\} \cdot \boldsymbol{U}_{\mathrm{m}}^{+}(0) + \mathrm{diag}\{\mathrm{e}^{\gamma_n \cdot z}\} \cdot \boldsymbol{U}_{\mathrm{m}}^{-}(0)\right] , \tag{2.58}$$

$$\boldsymbol{I}(z) = \boldsymbol{I}_{\mathrm{s}}(z) + \boldsymbol{Z}_{\mathrm{c}}^{-1}\boldsymbol{T}_{\mathrm{U}} \cdot \left[\mathrm{diag}\{\mathrm{e}^{-\gamma_n \cdot z}\} \cdot \boldsymbol{U}_{\mathrm{m}}^{+}(0) - \mathrm{diag}\{\mathrm{e}^{\gamma_n \cdot z}\} \cdot \boldsymbol{U}_{\mathrm{m}}^{-}(0)\right] . \tag{2.59}$$

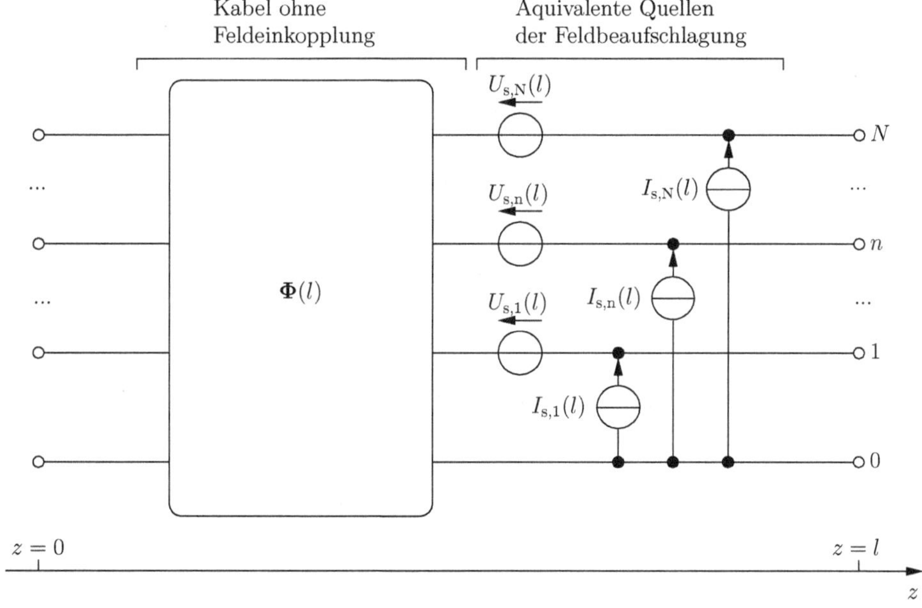

Abbildung 2.6.: Aufteilung einer feldbeaufschlagten Leitung in einen Teil ohne Anregungen und in ein Netzwerk mit diskreten Quellen

2.4. Beschreibung von Mehrleiterkabelbäumen mithilfe von Spice-Modellen

Für die Berechnung der Spannungen und Ströme auf Leitungen kann auch Spice verwendet werden. Im Rahmen dieser Arbeit wird die Spice-Distribution LTSpice verwendet, die auf dem ursprünglichen Code des Instituts EECS der Universität von Berkeley basiert.

Spice unterstützt verlustlose und verlustbehaftete Doppelleitungen, deren Berechnung auf Basis der Leitungstheorie erfolgt. Mehrleitersysteme werden originär jedoch nicht unterstützt. Um MTL-Kabelbäume dennoch mit Spice simulieren zu können, kann eine modale Zerlegung eines verkoppelten N+1-Mehrleitersystems durchgeführt werden, um so N unabhängige 1+1-Leitungssysteme zu erhalten. Diese N unabhängigen Doppelleitungen können mithilfe der Spice-Basiselemente modelliert werden.

Die modale Transformation für die Leitungsspannungen und -ströme erfolgt gemäß Abschnitt 2.2 bzw. [15] als:

$$\boldsymbol{U}(z) = \boldsymbol{T}_{\mathrm{U}} \cdot \boldsymbol{U}_{\mathrm{m}}(z) \;, \tag{2.9}$$

$$\boldsymbol{I}(z) = \boldsymbol{T}_{\mathrm{I}} \cdot \boldsymbol{I}_{\mathrm{m}}(z) \;. \tag{2.10}$$

Die Leitungsparameter in modaler Basis ergeben sich nach Einsetzen von Gl. 2.9 und Gl. 2.10 in die Leitungsgleichungen zu:

$$\boldsymbol{L}'_{\mathrm{m}} = \boldsymbol{T}_{\mathrm{U}}^{-1} \cdot \boldsymbol{L}' \cdot \boldsymbol{T}_{\mathrm{I}} \;, \tag{2.60}$$

$$\boldsymbol{R}'_{\mathrm{m}} = \boldsymbol{T}_{\mathrm{U}}^{-1} \cdot \boldsymbol{R}' \cdot \boldsymbol{T}_{\mathrm{I}} \;, \tag{2.61}$$

$$\boldsymbol{C}'_{\mathrm{m}} = \boldsymbol{T}_{\mathrm{I}}^{-1} \cdot \boldsymbol{C}' \cdot \boldsymbol{T}_{\mathrm{U}} \;, \tag{2.62}$$

$$\boldsymbol{G}'_{\mathrm{m}} = \boldsymbol{T}_{\mathrm{I}}^{-1} \cdot \boldsymbol{G}' \cdot \boldsymbol{T}_{\mathrm{U}} \;. \tag{2.63}$$

Diese modale Zerlegung kann in ein Spice-Ersatzschaltbild implementiert werden [16]. Zu diesem Zweck kann Gl. 2.9 bei elementweiser Betrachtung als eine Reihenschaltung modaler Ersatzspannungsquellen aufgefasst werden ("Modell nach BRANIN" [17]). Gl. 2.10 kann als Parallelschaltung von Ersatzstromquellen verstanden werden (s. Abbildung 2.7):

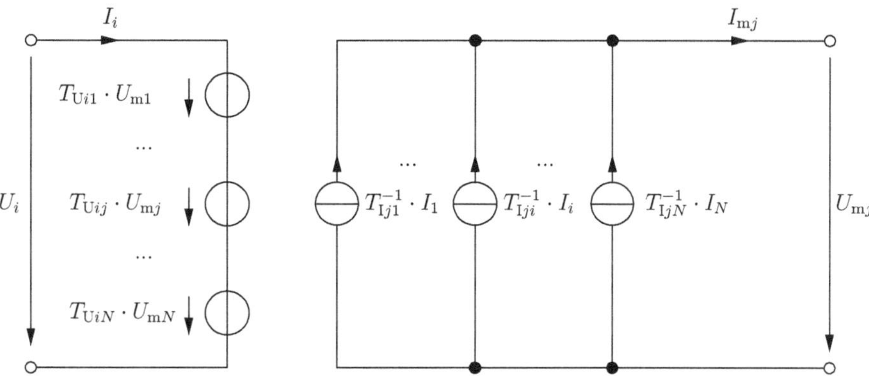

Abbildung 2.7.: Addition der modalen Ersatzspannungsquellen $U_{\mathrm{m}j}$ zu den physikalischen Spannungen U_i (links) bzw. Addition der physikalischen Stromquellen I_i zu den modalen Strömen $I_{\mathrm{m}j}$ (rechts)

Auf diese Weise kann die modale Zerlegung eines 2+1-Leiter-Kabels in Abbildung 2.8 als Spice-Ersatzschaltbild dargestellt werden. Die äußeren Kästen enthalten die links- bzw. rechtsseitigen Abschlussnetzwerke inklusive der physikalischen Anregungen. In der Mitte des mittleren Kastens erkennt man die zwei unabhängigen, entkoppelten STL-Leitungen (T1, T2) - realisiert durch das Leitungstheorie-Basiselement von Spice. Die Umrechnung zwischen den physikalischen und modalen Spannungen und Strömen erfolgt beidseitig dieser Leitungselemente mithilfe von gesteuerten Quellen, wie sie in Abbildung 2.7 vorgestellt wurden.

Eine solche Repräsentation von Kabelbäumen mit einer größeren Anzahl von Leitungen erreicht schnell eine erhebliche Komplexität. Es empfiehlt sich, bei der Erstellung dieser Modelle einen Modellgenerator zu verwenden, der auf Basis der Geometriedaten des Kabelbündels die Netzliste für Spice automatisch erzeugt. Bei der Realisierung in Matlab kann in demselben Prozess vorab auch die Bestimmung der für die Berechnung notwendigen primären und sekundären Leitungsparameter erfolgen.

Um mithilfe von Spice Spannungen und Ströme an einer beliebigen Position z_{Pos} auf einem Mehrleiterkabel bestimmen zu können, muss das Spice-Modell in zwei Teilabschnitte aufgetrennt werden (Abbildungen 2.9, 2.10). In der Mitte der Darstellung erkennt man das notwendige Testnetzwerk, das die Bestimmung dieser Größen an der Stelle z_{Pos} ermöglicht. Die eingefügten 0 A-Stromquellen dienen als Amperemeter. Aus Symmetriegründen sind hier jeweils zwei Exemplare in jede Leitung eingefügt.

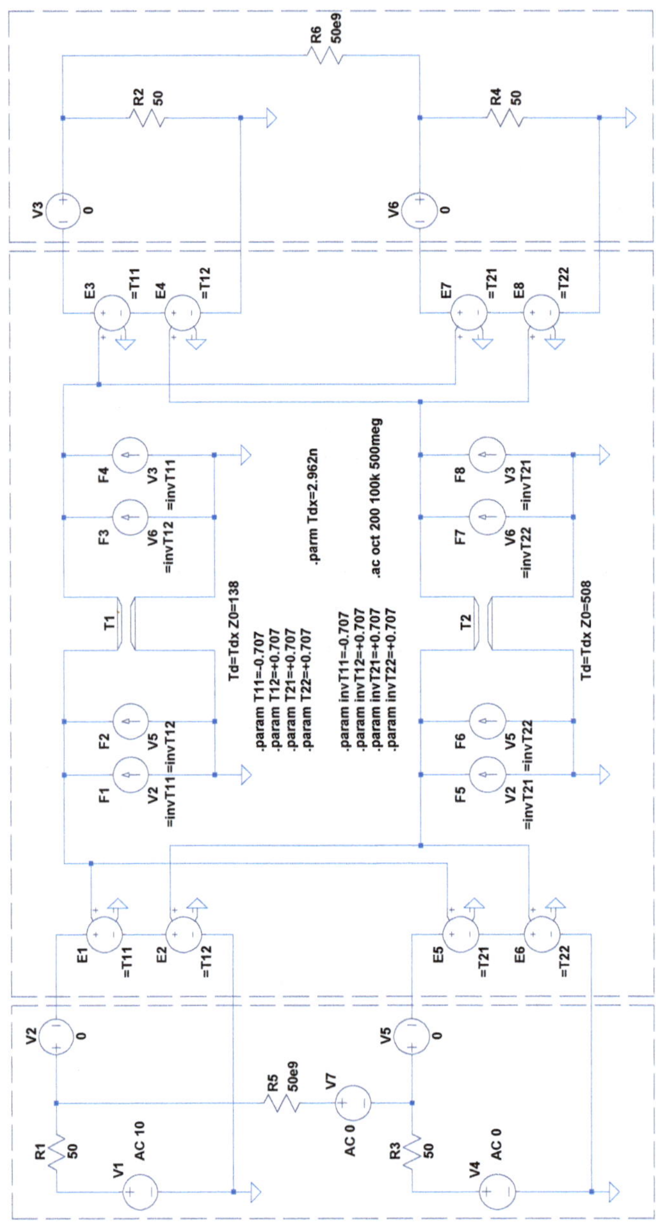

Abbildung 2.8.: Spice-Ersatzschaltbild für ein 2+1-Leiter-Kabel

Derzeit ist es mit LTSpice nicht möglich, frequenzabhängige primäre Leitungsparameter zu berücksichtigen, wenn man mit der Implementation der exakten Lösung der Leitungsgleichungen arbeiten möchte. So können weder der Skineffekt, der Proximity Effekt noch Strahlungsverluste berücksichtigt werden. Auf die Bedeutung der Strahlungsverluste wird noch gesondert in Abschnitt 4.5 eingegangen werden.

Kann nicht auf die Berücksichtigung frequenzabhängiger Effekte verzichtet werden, bleibt unter Spice noch die Möglichkeit der Leitungsmodellierung mit diskreten Bauelementen [3]. Um adäquate Ergebnisse zu erhalten, ist es jedoch notwendig, dass die betrachteten Leitungen elektrisch kurz sind, also $l < \frac{\lambda}{10}$. Längere Leitungen können durch eine Kaskadierung mehrerer elektrisch kurzer Leitungsstücke dargestellt werden. Diese kurzen Leitungsstücke können auf verschiedene Varianten mit diskreten Bauelementen modelliert werden. Eine Möglichkeit der Berücksichtigung des Skineffekts mittels einer Parallelschaltung von R-L-Reihenschaltungen wird in [18] vorgestellt.

Die elektromagnetische Feldeinkopplung auf Mehrleitungssysteme kann ebenfalls mit Spice abgebildet werden. Die verteilen Spannungs- und Stromquellen, mit denen in der Leitungstheorie die Einkopplung externer Felder auf eine Leitung beschrieben wird, werden durch äquivalente Quellen an einem Leitungsende ersetzt. So kann die gesamte Leitung durch ein äquivalentes Modell, das aus zwei Abschnitten besteht, ersetzt werden: Der erste, größere Teil stellt die Leitungen ohne eine externe Erregung dar, während im 2. Abschnitt (in Serie) ein konzentriertes Netzwerk aus Spannungs- und Stromquellen die verteilte Einkopplung über die Leitungen modelliert. Dieses Modell orientiert sich unmittelbar an der Lösung der inhomogenen Differenzialgleichung für Leitungen unter Feldbeaufschlagung (s. Gl. 2.56 und Abbildung 2.6). Als weiterführende Arbeiten zu diesem Thema sind [19, 20, 21, 22] zu nennen.

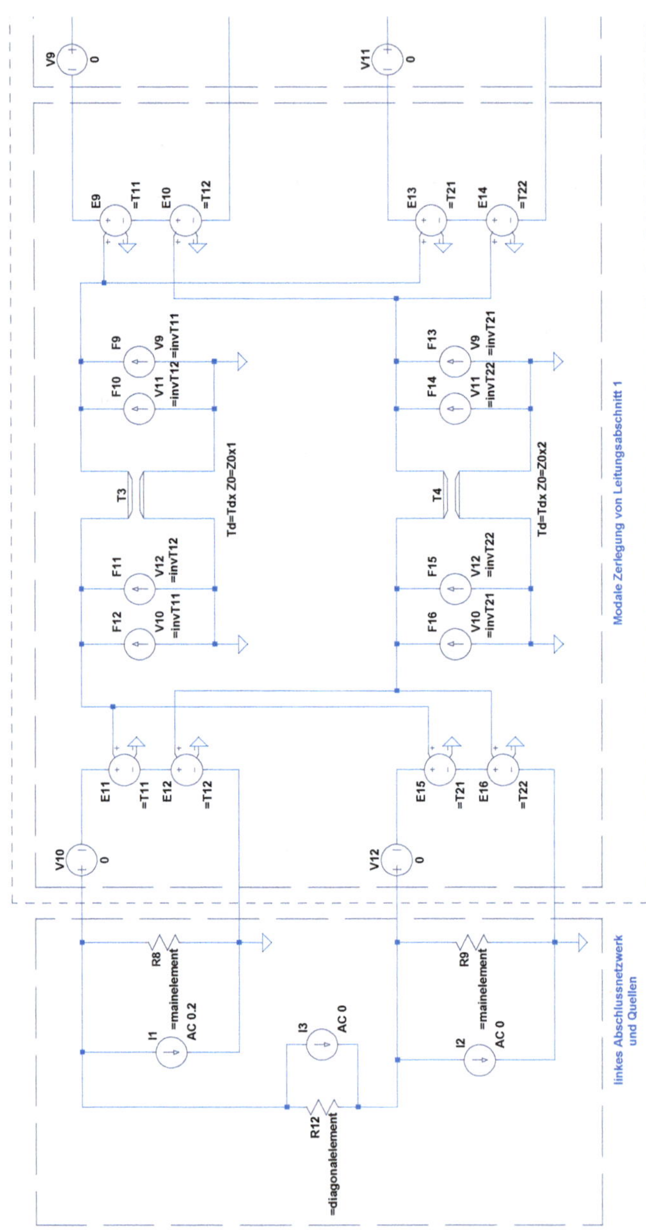

Abbildung 2.9.: Teil 1 des vollständigen Spice-Ersatzschaltbilds eines 2+1-Leiter-Kabels mit einem Testnetzwerk im mittleren Bereich (ESB zweigeteilt für eine bessere Darstellung - Teil 2 in Abbildung 2.10)

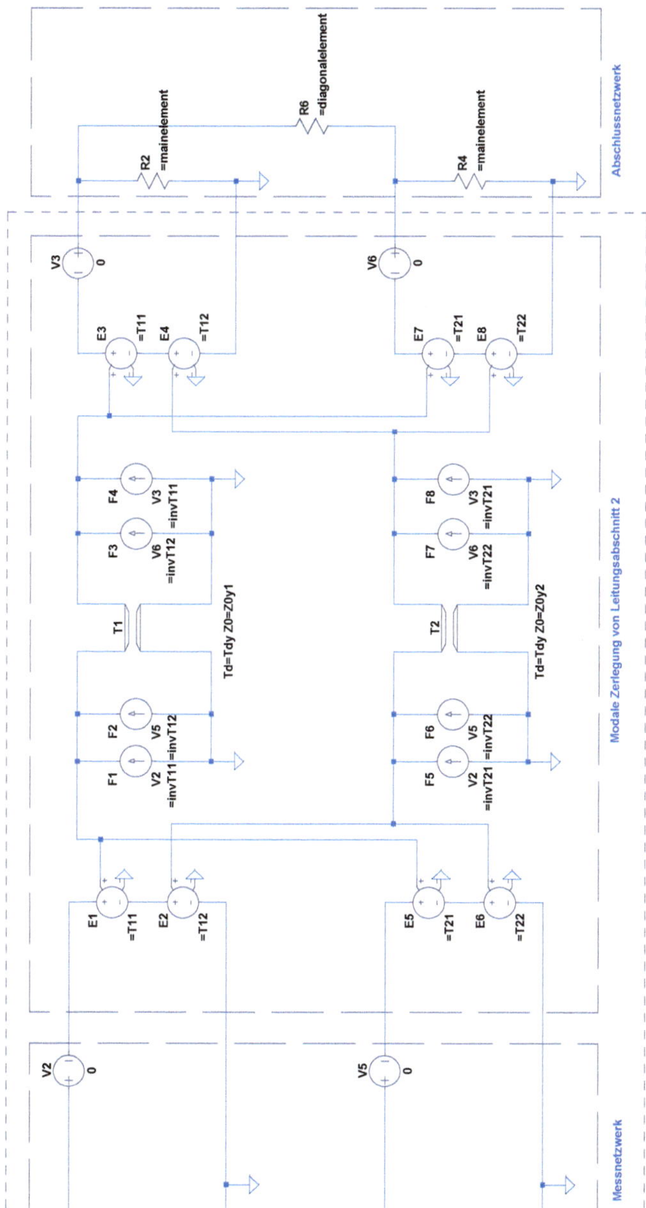

Abbildung 2.10.: Teil 2 des vollständigen Spice-Ersatzschaltbilds eines 2+1-Leiter-Kabels mit einem Testnetzwerk im mittleren Bereich (ESB zweigeteilt für eine bessere Darstellung - Teil 1 in Abbildung 2.9)

3. Reduzierung des Querschnitts von komplexen Kabelbäumen

3.1. Reduzierung durch Gruppierung von Adern

In diesem Kapitel soll das Ziel verfolgt werden, durch eine Reduzierung des Querschnitts von Mehrleiterkabeln eine Strukturvereinfachung zu erreichen, um mit Hinblick auf numerische Simulationen eine schlanke Modellierung zu ermöglichen. Zu diesem Zweck soll ein Kabelbaum mit einer sehr großen Anzahl von Adern durch ein äquivalentes Ersatzmodell beschrieben werden. Dieses soll eine deutlich reduzierte Anzahl von Adern - aber dennoch eine gleiche oder ähnliche Gesamtstörfestigkeit besitzen. Die Grundlage des Vorgehens ist dabei die Beobachtung, dass eine externe Feldbeaufschlagung auf den verschiedenen Adern eines Kabelbaums sehr ähnliche Störeinkopplungen verursacht. Dies liegt darin begründet, dass ein Großteil der für die Einkopplung relevanten Parameter (Geometrie, Materialeigenschaften) für die einzelnen Adern gleiche oder sehr ähnliche Werte annimmt. Einen für die Unterschiede zwischen den verschiedenen Adern maßgeblichen Einfluss hat die Dimensionierung der Leitungsabschlüsse. Deren Einfluss muss deshalb mit geeigneten Methoden berücksichtigt werden.

Die in diesem Kapitel ab Abschnitt 3.1.3 erarbeiteten Vorgehensweisen basieren auf dem in [2, 23] von ANDRIEU vorgestellten Verfahren. Dessen wesentliche Bestandteile seien im folgenden Abschnitt 3.1.1 kurz wiedergegeben.

3.1.1. Grundlagen der Methode äquivalenter Kabelbündel

Das Prinzip der sogenannten Reduktionsmethode nach ANDRIEU [2, 23] ist in Abbildung 3.1 dargestellt. Es wird ein Kabelbündel mit einer beliebigen Anzahl von Adern analysiert. Um die Darstellung anschaulich zu halten, besteht das Kabelbündel in Abbildung 3.1(a) aus nur drei Adern. Die Adern werden von einem homogenen Dielektrikum umgeben. Die angeschlossenen Geräte werden durch ihre Eingangsimpedanzen repräsentiert.

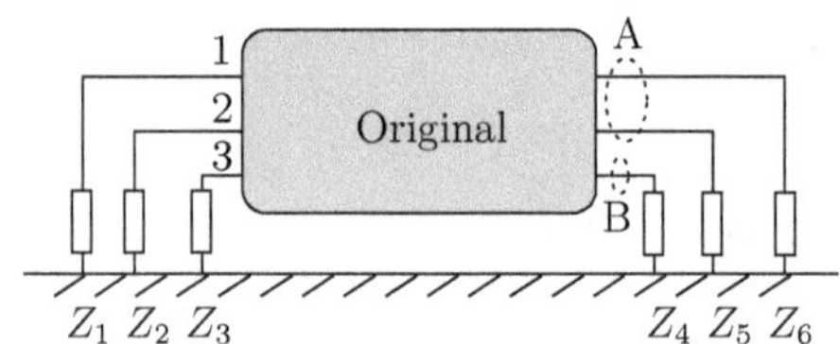

(a) Originales Kabelbündel

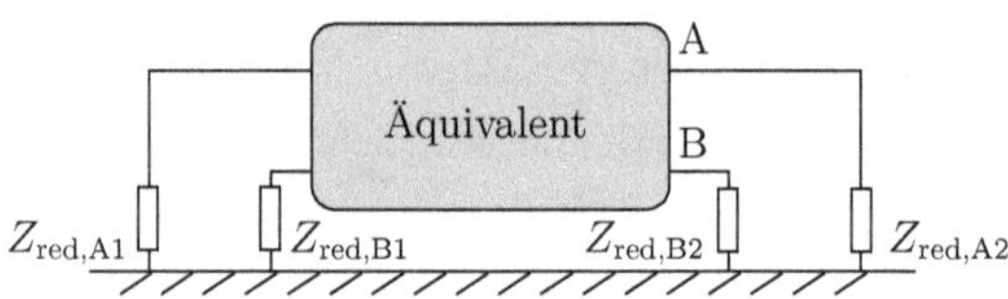

(b) Reduziertes Kabelbündel (Beispiel - Die Anzahl der Adern des reduzierten Kabelbündels hängen von den Werten des Wellenwiderstands und den Abschlusswiderständen ab.)

Abbildung 3.1.: Skizze des originalen und des reduzierten Kabelbündels

Der erste Schritt der Vereinfachung des Kabels ist, jeweils für einige der Adern eine ähnliche Feldeinkopplung anzunehmen. Für diese Adern folgt daraus eine vergleichbare Stromverteilung entlang der Leitungslänge. Im Folgenden werden alle Leiter so zu einzelnen Gruppen zusammengefasst, dass jeweils alle Adern innerhalb einer Gruppe sehr ähnliche Koppeleigenschaften besitzen. Zum Beispiel kann man annehmen, dass die Leiter 1 und 2 aus Abbildung 3.1 eine ähnliche Störfestigkeit besitzen, und sie so als Gruppe A bezeichnen. Gruppe B besteht in diesem Beispiel nur aus der Ader Nr. 3.

Für eine solche Gruppierung muss eine allgemeine Regel abgeleitet werden. Die Störfestigkeit hängt in hohem Maße von den Verhältnissen der Gleichtaktwellenimpedanz

Z_{cm} (Herleitung in Anhang B) zu den Abschlusswiderständen Z_i ab. Aus diesem Grund kann man das Verhältnis $|Z_i/Z_{\mathrm{cm}}|$ als Maßstab für die Gruppierung verwenden. Die Formulierung nach [23] erlaubt bis zu vier Gruppen von Leitern: In der ersten Gruppe sind beide Abschlusswiderstände Z_i kleiner als der Gleichtaktwellenwiderstand. In der zweiten Gruppe sind beide Abschlusswiderstände größer als der Gleichtaktwellenwiderstand. In der dritten Gruppe ist der Widerstand am Leitungsanfang kleiner und der Widerstand am Leitungsende größer als der Gleichtaktwellenwiderstand. Bei der vierten Gruppe sind die Verhältnisse der dritten Gruppe vertauscht.

Nach dieser Gruppierung besitzen alle Adern in den jeweiligen Gruppen ein relativ ähnliches Verhalten. Der Umfang jeder dieser Gruppen kann nun einzeln reduziert werden. Dies geschieht durch gedankliches Verschmelzen der einzelnen Adern einer Gruppe zu jeweils einem neuen äquivalenten Leiter. Dabei werden die folgenden Annahmen gemacht:

1. Die induzierten Spannungen in jeder Ader einer Gruppe sind identisch.
2. Alle Ströme in den Adern jeweils einer Gruppe sind gleich.

Wenn man nun das originale Kabelbündel mit dem reduzierten vergleicht (Abbildung 3.1), können die folgenden Forderungen formuliert werden:

1. Die induzierten Spannungen in jeder Ader einer Gruppe im originalen Kabel seien identisch mit den Spannungen des jeweils zugehörigen äquivalenten Kabels.
2. Die Summe der Ströme aller Originalleiter in einer Gruppe seien identisch mit dem Strom in dem zugehörigen äquivalenten Leiter.

Nutzt man diese Regeln, können die Telegraphengleichungen des originalen Kabelbündels (Abbildung 3.1(a)) in ein Gleichungssystem reduziert werden, das den vereinfachten Aufbau von Abbildung 3.1(b) beschreibt. Die Leitungsgleichungen des Originalsystems können ausgeschrieben werden als:

$$\frac{\mathrm{d}}{\mathrm{d}z}\begin{pmatrix}U_1\\U_2\\U_3\end{pmatrix} = -\mathrm{j}\omega\begin{pmatrix}L_{11} & L_{12} & L_{13}\\L_{21} & L_{22} & L_{23}\\L_{31} & L_{32} & L_{33}\end{pmatrix}' \cdot \begin{pmatrix}I_1\\I_2\\I_3\end{pmatrix}, \tag{3.1}$$

$$\frac{\mathrm{d}}{\mathrm{d}z}\begin{pmatrix}I_1\\I_2\\I_3\end{pmatrix} = -\mathrm{j}\omega\begin{pmatrix}C_{11} & C_{12} & C_{13}\\C_{21} & C_{22} & C_{23}\\C_{31} & C_{32} & C_{33}\end{pmatrix}' \cdot \begin{pmatrix}U_1\\U_2\\U_3\end{pmatrix}. \tag{3.2}$$

Weiter oben wurde angenommen, dass die Gruppe A aus den Adern 1 und 2 besteht und dass die Ader 3 zur Gruppe B gehört. Damit kann schrittweise vereinfacht werden zu

$$\frac{\mathrm{d}}{\mathrm{d}z}\begin{pmatrix}U_1\\U_2\\U_3\end{pmatrix} = -\mathrm{j}\omega\begin{pmatrix}L_{11} & L_{12} & L_{13}\\L_{21} & L_{22} & L_{23}\\L_{31} & L_{32} & L_{33}\end{pmatrix}' \cdot \begin{pmatrix}I_1\\I_1\\I_3\end{pmatrix} = -\mathrm{j}\omega\begin{pmatrix}L_{11}+L_{12} & L_{13}\\L_{21}+L_{22} & L_{23}\\L_{31}+L_{32} & L_{33}\end{pmatrix}' \cdot \begin{pmatrix}I_1\\I_3\end{pmatrix}, \tag{3.3}$$

$$\frac{\mathrm{d}}{\mathrm{d}z}\begin{pmatrix}I_1\\I_2\\I_3\end{pmatrix} = -\mathrm{j}\omega\begin{pmatrix}C_{11} & C_{12} & C_{13}\\C_{21} & C_{22} & C_{23}\\C_{31} & C_{32} & C_{33}\end{pmatrix}' \cdot \begin{pmatrix}U_1\\U_1\\U_3\end{pmatrix} = -\mathrm{j}\omega\begin{pmatrix}C_{11}+C_{12} & C_{13}\\C_{21}+C_{22} & C_{23}\\C_{31}+C_{32} & C_{33}\end{pmatrix}' \cdot \begin{pmatrix}U_1\\U_3\end{pmatrix}, \tag{3.4}$$

und dann zu

$$\frac{\mathrm{d}}{\mathrm{d}z}\begin{pmatrix}U_1+U_2\\U_3\end{pmatrix} = \frac{\mathrm{d}}{\mathrm{d}z}\begin{pmatrix}2\cdot U_1\\U_3\end{pmatrix} = -\mathrm{j}\omega\begin{pmatrix}L_{11}+L_{12}+L_{21}+L_{22} & L_{13}+L_{23}\\L_{31}+L_{32} & L_{33}\end{pmatrix}' \cdot \begin{pmatrix}I_1\\I_3\end{pmatrix}, \tag{3.5}$$

$$\frac{\mathrm{d}}{\mathrm{d}z}\begin{pmatrix}I_1+I_2\\I_3\end{pmatrix} = \frac{\mathrm{d}}{\mathrm{d}z}\begin{pmatrix}2\cdot I_1\\I_3\end{pmatrix} = -\mathrm{j}\omega\begin{pmatrix}C_{11}+C_{12}+C_{21}+C_{22} & C_{13}+C_{23}\\C_{31}+C_{32} & C_{33}\end{pmatrix}' \cdot \begin{pmatrix}U_1\\U_3\end{pmatrix}. \tag{3.6}$$

Um die Differenzialgleichungen in Abhängigkeit der Gruppenströme $n \cdot I_i$ bzw. der Gruppenspannungen U_i ausdrücken zu können, folgt als letzter Schritt:

$$\frac{\mathrm{d}}{\mathrm{d}z}\begin{pmatrix} U_1 \\ U_3 \end{pmatrix} = -\mathrm{j}\omega \underbrace{\begin{pmatrix} \frac{L_{11}+L_{12}+L_{21}+L_{22}}{4} & \frac{L_{13}+L_{23}}{2} \\ \frac{L_{31}+L_{32}}{2} & \frac{L_{33}}{1} \end{pmatrix}'}_{\boldsymbol{L}'_{\mathrm{red}}} \cdot \begin{pmatrix} 2\cdot I_1 \\ I_3 \end{pmatrix}, \tag{3.7}$$

$$\frac{\mathrm{d}}{\mathrm{d}z}\begin{pmatrix} 2\cdot I_1 \\ I_3 \end{pmatrix} = -\mathrm{j}\omega \underbrace{\begin{pmatrix} C_{11}+C_{12}+C_{21}+C_{22} & C_{13}+C_{23} \\ C_{31}+C_{32} & C_{33} \end{pmatrix}'}_{\boldsymbol{C}'_{\mathrm{red}}} \cdot \begin{pmatrix} U_1 \\ U_3 \end{pmatrix}. \tag{3.8}$$

Allgemein gilt:

$$L'_{\mathrm{red},ij} = \frac{\sum_{i=1}^{n_i}\sum_{j=1}^{n_j} L'_{ij}}{n_i \cdot n_j}, \tag{3.9}$$

$$C'_{\mathrm{red},ij} = \sum_{i=1}^{n_i}\sum_{j=1}^{n_j} C'_{ij}, \tag{3.10}$$

mit n_i: Anzahl der Zeilen bzw. n_j: Anzahl der Spalten der Differenzialgleichung, über die sich eine Gruppe erstreckt. Damit sind die Leitungsgleichungen des vereinfachten Modells aus Abbildung 3.1(b) bekannt.

Die neuen Leitungsparameter ($\boldsymbol{L}'_{\mathrm{red}}$, $\boldsymbol{C}'_{\mathrm{red}}$) des vereinfachten Aufbaus können im Folgenden genutzt werden, um die geometrischen Parameter des Ersatzsystems abzuleiten:

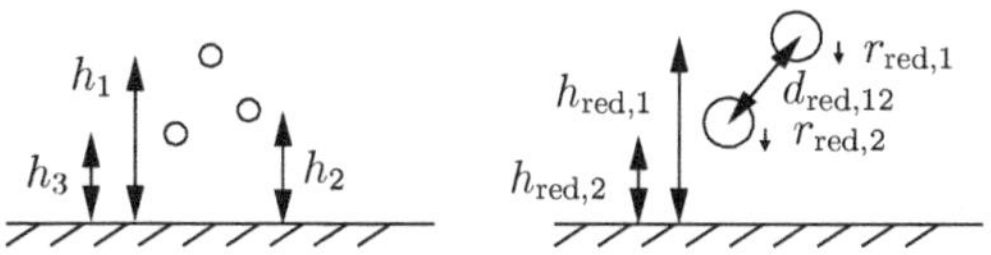

h_1 h_3 h_2 $h_{\mathrm{red},1}$ $h_{\mathrm{red},2}$ $r_{\mathrm{red},1}$ $d_{\mathrm{red},12}$ $r_{\mathrm{red},2}$

Abbildung 3.2.: Geometrie des originalen (links) und des reduzierten (rechts) Kabelbündels

- Die Höhen der äquivalenten Leiter über der Massefläche werden als Mittel der Höhen aller Leiter, die den jeweiligen äquivalenten Leiter bilden, angesetzt (Abbildung 3.2):

$$h_{\mathrm{red},i} = \frac{1}{n}\sum_{k=1}^{n} h_k, \tag{3.11}$$

mit n: Anzahl der Adern in Gruppe i.

- Die Radien der äquivalenten Adern werden durch Umstellung der Formel für die Eigeninduktivitäten $L'_{\text{red},ii}$ (s. Anhang A.1) bestimmt:

$$L'_{\text{red},ii} = \frac{\mu}{2\pi} \ln\left(\frac{2h_{\text{red},i}}{r_{\text{red},i}}\right) . \tag{3.12}$$

- Die Gleichung für die Gegeninduktivitäten (bezüglich der Leiter i, j) kann verwendet werden, um die Abstände $d_{\text{red},ij}$ zwischen den äquivalenten Leitern i und j zu bestimmen:

$$L'_{\text{red},ij} = \frac{\mu}{4\pi} \ln\left(1 + \frac{4 \cdot h_{\text{red},i} \cdot h_{\text{red},j}}{d^2_{\text{red},ij}}\right) . \tag{3.13}$$

Die Abschlusswiderstände des Ersatzkabels ergeben sich durch Parallelschaltung jeweils der Widerstände, deren Leiter zu einer Gruppe zusammengefasst wurden. Widerstände zwischen den Leitungen einer Gruppe entfallen. Elemente zwischen Leitungen aus verschiedenen Gruppen bleiben bestehen.

Mit dem so erstellten Datensatz ist es möglich, die reduzierte Geometrie mit einem Feldsimulationsprogramm zu modellieren und zu analysieren. Aus den dort gewonnenen Daten kann anschließend auf die Störfestigkeit der originalen Geometrie zurückgeschlossen werden. Dies geschieht durch Anwendung der oben festgelegten Annahmen für die Verhältnisse von $\boldsymbol{U}$ und $\boldsymbol{I}$ der originalen und der reduzierten Kabelbäume. So ergibt sich der Strom $I_{\text{orig},i}$ eines Leiters aus dem Original-Kabelbaum als Quotient des Summenstroms der zugehörigen j-ten Gruppe und der Anzahl n der Leiter in dieser Gruppe. Für die Spannungen war a priori angenommen worden, dass sie für die Adern im originalen Kabelbaum identisch sind mit denen der zugehörigen Gruppen bzw. äquivalenten Leiter:

$$I_{\text{orig},i} = \frac{I_{\text{red},j}}{n_j} , \tag{3.14}$$

$$U_{\text{orig},i} = U_{\text{red},j} . \tag{3.15}$$

Dieses Verfahren bietet einen sehr einfachen und methodisch umsetzbaren Ansatz. In

Abschnitt 3.1.2 findet sich eine Beispielrechnung für ein Mehraderkabel in einem generischen Schiffsmodell.

3.1.2. Anwendungsbeispiel Querschnittsreduzierung

In diesem Abschnitt wird als Anwendungsbeispiel eine Querschnittsvereinfachung innerhalb eines verseilten Adernbündels vorgenommen. Dazu werden die vier Adern des Kabels durch eine einzelne Ader ersetzt. Die Verseilung wird bei der äquivalenten Ader beibehalten.

Die Berechnung erfolgt an einem im Rahmen dieser Arbeit gefertigten generischen Schiffsmodell [30]. Dieses besteht aus mehreren Kavitäten und exemplarisch verlegten Kabelbäumen, um typische Anwendungsszenarien zu schaffen (s. Abbildung 3.3).

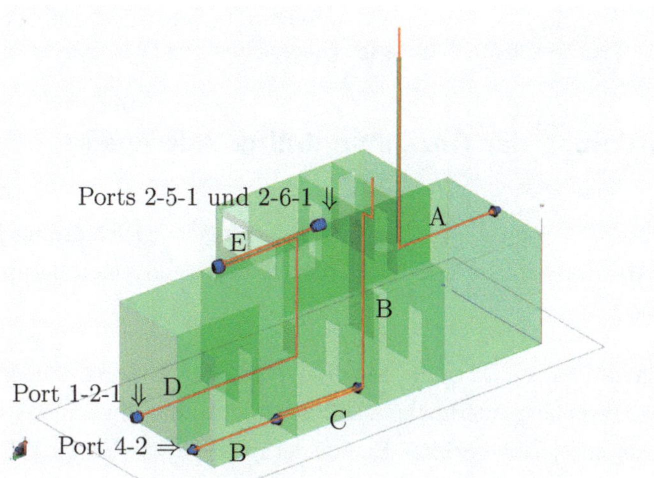

Abbildung 3.3.: Routing des Kabelnetzwerkes in dem Schiffsmodell. Die blau-roten Kugeln markieren die Positionen der Testports bzw. Abschlusswiderstände. Die fünf Kabelpfade (A-E) bestehen aus unterschiedlich vielen Adern.

Als Anregung wird ein externes elektromagnetisches Feld verwendet. In Abbildung 3.4 sind für die Ader an Port 1-2-1 des Kabelpfades D die berechneten Störströme dargestellt.

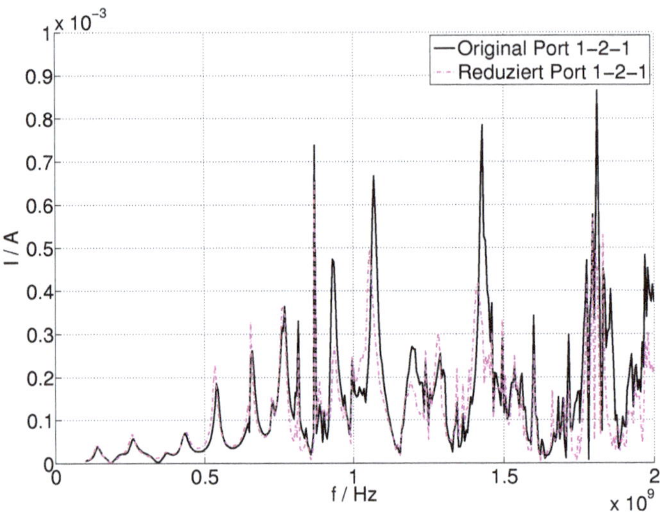

Abbildung 3.4.: Vergleich der Störströme an einem Testport des originalen und des reduzierten Kabelbaums im generischen Schiffskörper

3.1.3. Reduzierung der Anzahl verdrillter Adernpaare

Das im Abschnitt 3.1.1 vorgestellte Vorgehen für homogene, gleichförmige Leitungskabel soll in diesem Abschnitt auf verdrillte, differenziell abgeschlossene Adernpaare erweitert werden.

Das Prinzip dieses Vorgehens ist in Abbildung 3.5 skizziert: Bei einem Kabelbündel mit gleichförmig verdrillen Adernpaaren soll die Adernzahl reduziert werden, indem als Ersatzmodell ein einzelnes verdrilltes Ersatzadernpaar verwendet wird. Die Abschlüsse an dem hier untersuchten Aufbau sollen in Anlehnung an übliche Beschaltungen nur aus "differenziellen" Impedanzen zwischen den Adern der einzelnen Paare bestehen.

Die Reduktion soll hier so vorgenommen werden, dass jedes Adernpaar jeweils auf die zwei Gruppen A und B aufgeteilt wird. So bleiben am Ende des Vorgangs immer zwei ebenfalls verdrillte Ersatzleiter bestehen, deren Abschlüsse aus den parallelgeschalteten Originalwiderständen bestehen.

Nach den in Abschnitt 3.1.1 aufgeführten Regeln ergeben sich die Spannungen und

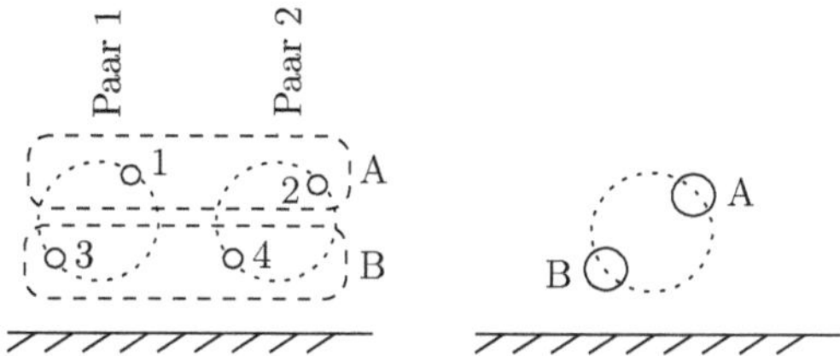

Abbildung 3.5.: Prinzip der Reduzierung verdrillter Kabel. Originales Kabelbündel (links) und reduziertes Kabel (rechts)

Ströme im reduzierten Kabel definitionsgemäß zu:

$$I_A = I_1 + I_2 \ , \tag{3.16}$$

$$I_B = I_3 + I_4 \ , \tag{3.17}$$

$$U_A = U_1 = U_2 \ , \tag{3.18}$$

$$U_B = U_3 = U_4 \ . \tag{3.19}$$

Die Anwendung der Leitungstheorie und der Ansätze für die Berechnung der Leitungsbeläge setzt grundsätzlich eine gleichförmige Leitungsführung voraus, die hier aufgrund der Verdrillung jedoch nicht vorhanden ist. In verschiedenen Arbeiten wurde untersucht, wie die Leitungstheorie auf nicht gleichförmige Leitungen angewendet werden kann. [24] benutzt eine verallgemeinerte Form der Leitungsgleichungen. [25] verwendet eine Methode mit äquivalenten kaskadierten Netzwerken. In dem hier vorliegenden Kontext kann jedoch sehr viel einfacher an das Problem herangegangen werden. Es handelt sich zwar auch hier um eine kaskadierte Leitungsbetrachtung, es können jedoch Vereinfachungen vorgenommen werden.

Für die Störeinkopplung in eine elektrisch lange, verdrillte Leitung ist es unerheblich, ob die Windung mit oder gegen den Uhrzeigersinn erfolgt. Auch ist es unwesentlich, ob am Leitungsanfang die Leitungen übereinander- oder nebeneinanderliegen. Deshalb wird, wie in Abbildung 3.5 (links) dargestellt, für alle zu reduzierende Adernpaare vereinfachend eine gleichartige Windung angenommen (in Bezug auf die Windungsrichtung und die Startposition). Dies ermöglicht im Folgenden eine anschauliche Vereinfachung des Kabelquerschnitts. Zu diesem Zweck soll eine einzelne Windung zweier verdrillter Adernpaare betrachtet werden (Abbildung 3.6).

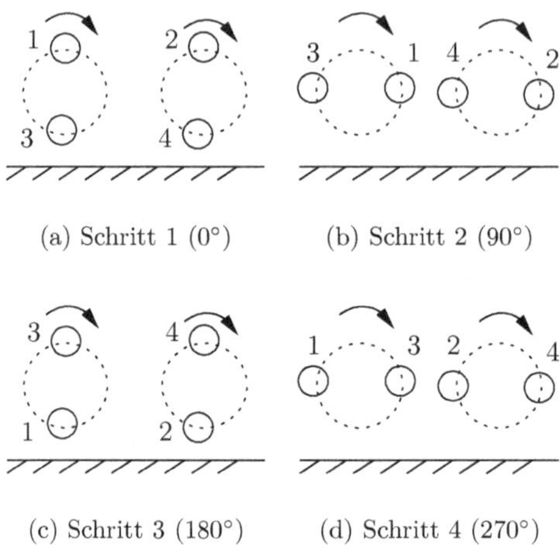

(a) Schritt 1 (0°) (b) Schritt 2 (90°)

(c) Schritt 3 (180°) (d) Schritt 4 (270°)

Abbildung 3.6.: Schrittweise Analyse einer 360°-Windung eines verdrillten Adernpaars

Zerlegt man eine solche Windung in 4 Abschnitte, so kann man für jeden dieser Schritte separat eine Vereinfachung vornehmen, indem die Adern 1 und 2 sowie 3 und 4 zusammengefasst werden. Setzt man anschließend die einzelnen Windungsschritte wieder hintereinander, zeigt sich, dass sich das Ersatzkabel als ein ebenfalls verdrilltes Adernpaar ergibt. Wenn angenommen werden kann, dass die Steigungen identisch sind, ergibt sich als Ersatzkabel eine ideale Helix. Anderenfalls muss beim Original- oder Ersatzmodell gemittelt werden.

Für die Berechnung der Geometrie des Ersatzkabels können die Gl. 3.11, 3.12 und 3.13 genutzt werden. Verwendet man die daraus resultierenden Daten für die Berechnung der Störfestigkeit mit dem Ersatzkabelbaum, ergibt sich zunächst eine vergleichsweise schlechte Übereinstimmung mit den Ergebnissen am Originalkabelbaum. Zudem zeigt sich eine Inkohärenz bei den Geometrieparametern des Ersatzkabels.

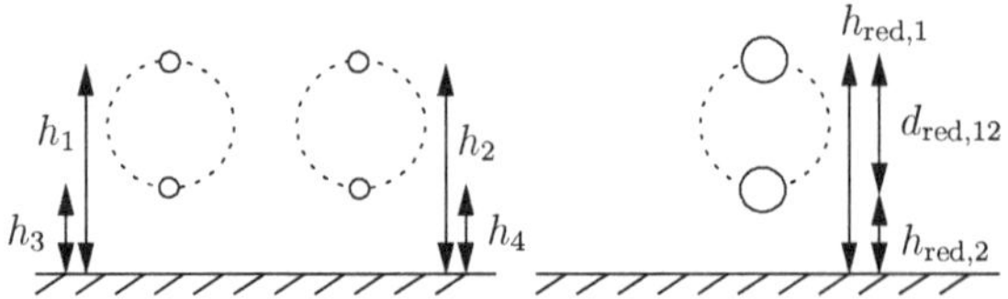

Abbildung 3.7.: Bezeichnungen am Original- (links) und am Ersatzkabelbaum (rechts)

Bei verdrillten Kabeln tritt periodisch die Situation ein, dass die zwei Ersatzadern vertikal übereinander liegen und dann $h_{\mathrm{red},1} = h_{\mathrm{red},2} + d_{\mathrm{red},12}$ gelten muss (Abbildung 3.7). Verwendet man die mit den Gleichungen 3.11, 3.12, 3.13 bestimmten Werte, wird diese Bedingung jedoch nicht immer erfüllt. Diese Diskrepanz kann behoben werden, da die Leitungsparameter des Ersatzkabelbaums nicht eineindeutig mit einem Satz Geometrie-Parameter verknüpft sind. Es besteht also die Aufgabe, einen Parametersatz zu finden, der sowohl die Bestimmungsgleichungen 3.11, 3.12, 3.13 erfüllt, als auch in sich widerspruchsfrei ist. Dies gelingt mithilfe eines rekursiven Ansatzes:

1. Abschätzung der Höhen $h_{\mathrm{red},1}$, $h_{\mathrm{red},2}$ als Mittelwert der Originalleiter der zugehörigen Leitergruppen.

2. Der Abstand $d_{\mathrm{red},12}$ wird als $d_{\mathrm{red},12} = |h_{\mathrm{red},1} - h_{\mathrm{red},2}|$ berechnet und als unveränderlich gesetzt.

3. Neuberechnung der Höhe $h_{\mathrm{red},2}$ der unteren Ader aus den Werten von $h_{\mathrm{red},1}$ und $d_{\mathrm{red},12}$ mit Gl. 3.13 (Bedingung 1).

4. Jetzt kann der Fehler aus $d_{\mathrm{red},12}$ und der Differenz der Höhen $|h_{\mathrm{red},1} - h_{\mathrm{red},2}|$ (Bedingung 2) bestimmt werden.

5. Wenn der Fehler eine vorab definierte Toleranzgrenze überschreitet, kann $h_{\mathrm{red},1}$ um einen Teil des absoluten Höhenfehlers erhöht (reduziert) werden.

6. Eine weitere Iterationsschleife wird durchlaufen, beginnend mit Schritt 3.

Nach einigen Schritten und in Abhängigkeit der definierten Fehlertoleranz konvergiert die Abweichung gegen 0. Abschließend werden mit Gl. 3.12 die passenden Leiterradien $r_{\mathrm{red},i}$ bestimmt.

Die oben genannten Bedingungen für die Geometrieparameter können auf unterschiedliche Weise implementiert werden, um den genannten Widerspruch aufzulösen. Die Anzahl der notwendigen Iterationsschritte unterscheidet sich je nach Variante und als Endergebnis können sich etwas unterschiedliche Geometrien mit leicht verändertem Kopplungsverhalten ergeben. Die oben präsentierte Version ist eine einfache Variante, die dennoch gute Ergebnisse produziert (s. weiter unten).

Mit der Anwendung dieser Implementierung wird zudem ein weiteres Problem behoben: Bei der Reduktion der Anzahl der Adern eines Kabels nehmen die Querschnitte der einzelnen Ersatzadern tendenziell zu, da die Werte der Induktivitätsbeläge auf der Hauptdiagonalen sinken:

$$r_{\mathrm{red},i} = \frac{2 \cdot h_{\mathrm{red},i}}{\exp\left(\frac{L'_{\mathrm{red},ii} \cdot 2\pi}{\mu}\right)} \,. \tag{3.20}$$

Das bedeutet, dass das Reduktionsverfahren in seiner Grundform bei sehr eng liegenden Originaladern nicht angewendet werden kann, da sich ansonsten in der Ersatzgeometrie die Adern überlappen. Mit dem obigen Optimierungsverfahren werden jedoch zusätzlich auch die Höhenangaben $h_{\mathrm{red},i}$ gegenüber den ursprünglichen ersten Abschätzungen gesenkt. Damit sinken auch die Radien der Ersatzleiter (Gl. 3.20). Aus Erfahrungswerten kann zudem abgeleitet werden, dass die Radien bis auf ca. 70 % reduziert werden können, ohne dass nennenswerte Abweichungen produziert werden.

Im Folgenden wird dieses Verfahren verwendet, um zwei verdrillte, feldbeaufschlagte Paare auf ein Paar zu reduzieren. Die Geometrieparameter des originalen Kabelbündels sind (in Bezug auf Abbildung 3.5 und angelehnt an ein CAT 5-Ethernetkabel):

Höhe der unteren Adern über Masse	5 mm
Drahtradius	0,1 mm
Abstand zwischen den verdrillten Adern	0,5 mm
Abstand zwischen den zwei Paaren	0,5 mm
Länge eines Schlags der Verdrillung	20 mm
Differenzielle Abschlüsse zwischen den Adern eines Paars	100 Ω

Abbildung 3.8 zeigt den Vergleich zwischen den Strömen des originalen und des reduzierten Kabelbaums. Wie man der Abbildung entnehmen kann, stimmen die Kurven gut überein. Lediglich in den Resonanzstellen gibt es eine kleinere Abweichung. Diese kann damit erklärt werden, dass im Rahmen der Reduzierung der Geometrie die Ausbreitungsgeschwindigkeit etwas verschoben wird. In [2] wird vorgeschlagen, eine solche Abweichung zu kompensieren, indem bei dem reduzierten Kabelbündel ein Dielektrikum eingebracht wird. Damit wird die Ausbreitungsgeschwindigkeit verändert, was sich in einer Verschiebung des Spektrums des reduzierten Kabelbaums entlang der Frequenzachse ausdrückt. Auf diese Weise werden die Kurven des originalen und des reduzierten

Kabelbündels gegeneinander verschoben und zur Deckung gebracht. Es gilt:

$$v = \frac{1}{\sqrt{L' \cdot C'}} = \frac{1}{\sqrt{\varepsilon \cdot \mu}} \ . \tag{3.21}$$

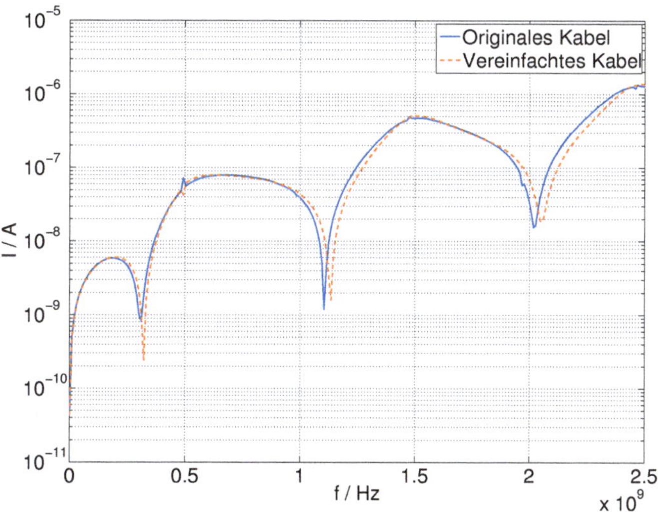

Abbildung 3.8.: Vergleich der eingekoppelten Ströme für einen Kabelbaum mit verdrillten Adern

Abschließend soll für dieses Beispiel die oben genannte Querschnittänderung der Adern betrachtet werden. Der nach Gl. 3.20 berechnete Radius $r_{\text{red,Abschätzung}}$ der Ersatzadern beträgt 0,32 mm. Wird die rekursive Optimierung durchgeführt, um einen konsistenten Datensatz zu erhalten, reduziert sich der Radius auf $r_{\text{red,opt}}$=0,21 mm. Der so entstehende zusätzliche Abstand zwischen den Leitern ist bei eng beieinander platzierten Originalleitern von Vorteil.

3.1.4. Berücksichtigung von Inhomogenitäten im Kabelbaum

Die zu Beginn des Kapitels vorgestellte Methode äquivalenter Kabelbündel ist mit Blick auf gleichförmige Kabelbündel entwickelt worden. Für die Anwendung in realen Geometrien, wo im Rahmen der Verlegung der Kabel vielfältige Inhomogenitäten entstehen, ist der Nachweis zu erbringen, dass eine Zusammenfassung auch in solchen Situationen erfolgen kann. Zu diesem Zweck werden in diesem Abschnitt exemplarisch als „Grundinhomogenitäten“ ein Sprung der Höhe des Kabels über Masse bzw. eine kontinuierliche Höhenänderung untersucht, an denen die Besonderheiten bei Querschnittsänderungen demonstriert werden. In Abbildung 3.9 ist zunächst der Sprung dargestellt.

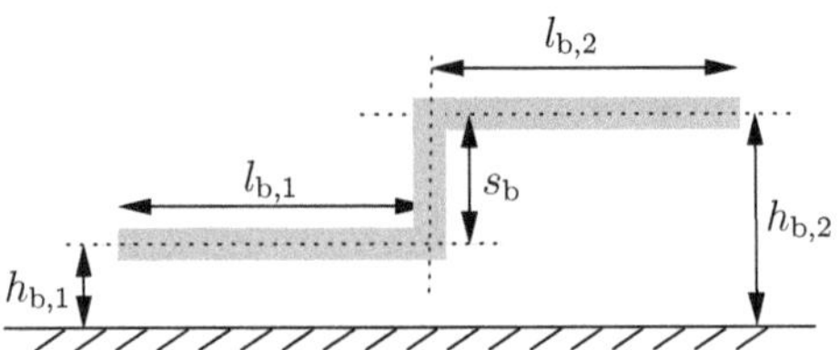

Abbildung 3.9.: Geometrische Struktur einer Sprung-Inhomogenität

Eine Vereinfachung des Kabels erfolgt zunächst getrennt für den linken bzw. den rechten Bereich. Daraus ergeben sich zwei neue, reduzierte Kabelbäume, die erwartungsgemäß ebenfalls in unterschiedlichen Höhen liegen. Die unterschiedlichen Höhen führen nach den Gl. 3.12 und 3.13 jedoch für die beiden separaten Kabelabschnitte zu unterschiedlichen Radien für die reduzierten Adern bzw. auch zu unterschiedlichen Abständen zwischen den reduzierten Adern. Dies bedeutet, dass das Ersatzkabel mit dem Sprung schlagartig seine Geometrie verändern muss. Dies ist zum einen ein praktisch nicht sinnvoller Ansatz und führt zudem bei einer Feldsimulation zu einem erhöhten Aufwand, weil dann die Leitungsgeometrie abschnittsweise modelliert werden muss. Untersuchungen mit Sprüngen bis zu 1 m zeigen jedoch, dass die Unterschiede in den links- bzw. rechtsseitigen Ersatzkabelabschnitten so gering sind, dass eine Mittelung der reduzierten Querschnittsgeometrie (Radien, Abstände zwischen den Adern) vorgenommen werden kann. Der Höhensprung beim Originalkabel wird auch beim reduzierten Kabel beibehalten.

Die Gültigkeit dieses Ansatzes wird mithilfe der Geometrie nach Abbildung 3.10 demonstriert. Die Parameter des originalen Kabelbündels sind: $h_{b,1} = 10$ mm, $d_b = 20$ mm, $r_w = 0{,}5$ mm.

In Abbildung 3.11 sind für eine Testader die Ergebnisse der Sprunginhomogenität dargestellt. Die Höhe des Sprungs s_b beträgt 4 cm. Dem Diagramm kann entnommen werden, dass die vorgenommene Abschätzung die wesentlichen Eigenschaften der Frequenzcharakteristik gut wiedergibt.

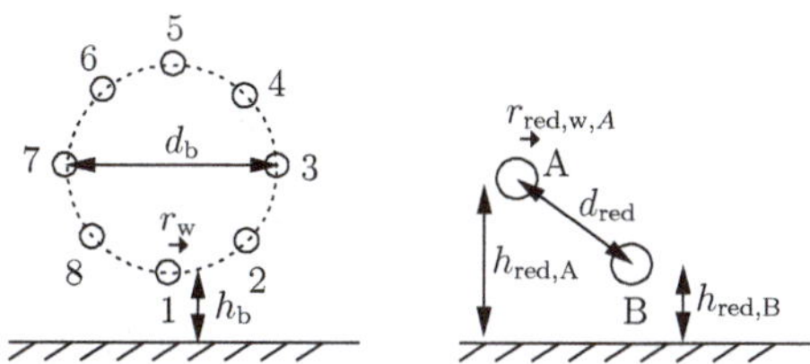

Abbildung 3.10.: Geometrische Struktur des originalen (links) und des reduzierten (rechts) Kabelbündels

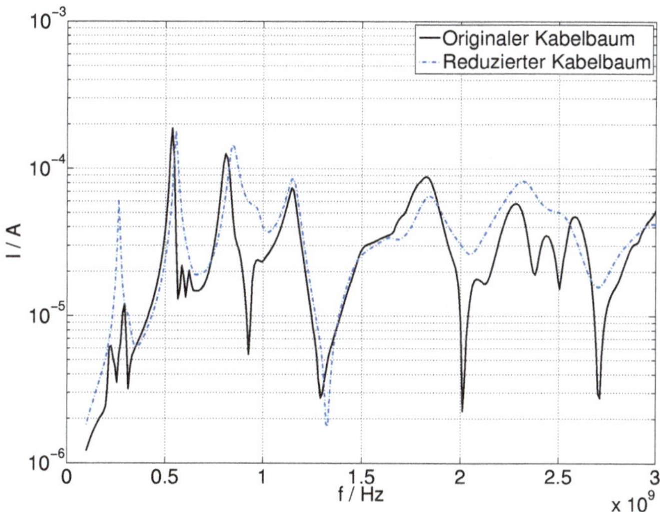

Abbildung 3.11.: Sprung: Vergleich der induzierten Ströme für das originale und das reduzierte Kabelbündel

Die zweite exemplarisch untersuchte Inhomogenität ist die Rampe aus Abbildung 3.12. Die Höhendifferenz zwischen Leitungsende und Leitungsanfang beträgt ebenfalls 4 cm. Auch hier wird der Kabelquerschnitt aus Abbildung 3.10 verwendet. Das Vorgehen bei der Rampe ist vergleichbar mit dem beim Sprung. Der Unterschied liegt darin, dass die Rampe beliebig fein als Treppe diskretisiert werden kann, um so kontinuierlich eine Reduzierung für jeden Teilabschnitt vornehmen zu können. Auch hier gilt, dass sich auf diese Weise entlang der Rampe unterschiedlich reduzierte Kabelquerschnitte ergeben. Die Unterschiede sind jedoch gering, sodass auch hier eine Mittelung der Radien und der Abstände zwischen den Adern erfolgen kann, wie dies auch bei dem Sprung durchgeführt wurde. Die kontinuierliche Änderung der Höhe wird für das reduzierte

Kabel beibehalten. Abbildung 3.13 stellt die geometrischen Parameter des reduzierten Kabelbaums entlang des rampenförmigen Kabelpfads dar.

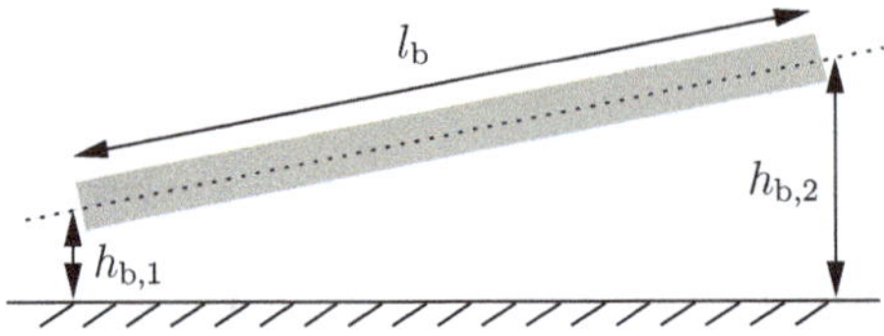

Abbildung 3.12.: Geometrische Struktur einer Inhomogenität in Form einer Rampe

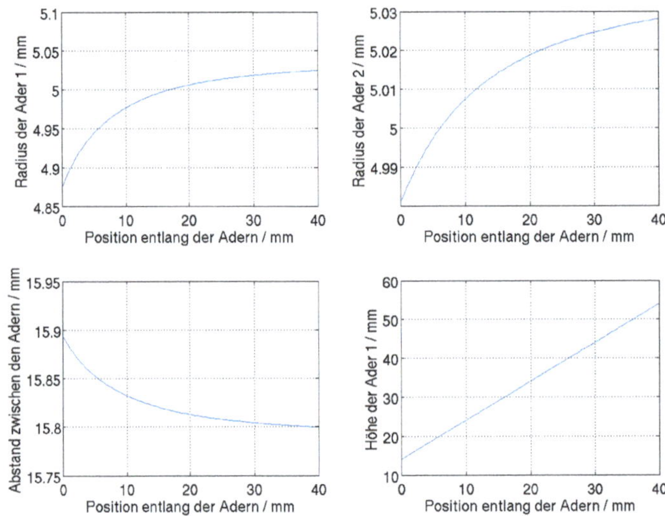

Abbildung 3.13.: Rampe: Verlauf der geometrischen Parameter des reduzierten Kabelbaums entlang des rampenförmigen Kabelpfads

Abbildung 3.14 zeigt für eine Testader die Ergebnisse des Vergleichs zwischen dem originalen und dem reduzierten Kabelbaum. Die Übereinstimmung zwischen den induzierten Strömen des originalen und des reduzierten Kabelbaums ist ähnlich gut wie im Fall des Sprungs.

3.2. Reduzierung durch Gewichtung von Adern

Wie zu Beginn des vorigen Abschnitts ausgeführt wurde, stellen bei der Betrachtung der Störfestigkeit von Mehrleiterkabelbäumen die Abschlüsse an den Leitungsenden einen

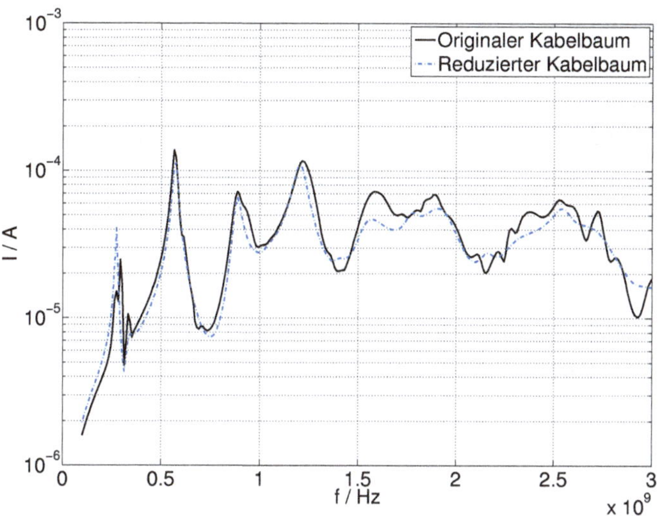

Abbildung 3.14.: Rampe: Vergleich der induzierten Ströme für das originale und das reduzierte Kabelbündel

erheblichen Einflussfaktor dar. Adern mit sehr unterschiedlich großen Abschlussimpedanzen führen also zu sehr unterschiedlich großen Störströmen. Aus diesem Grund muss beim Parallelschalten von solchen heterogenen Adern eine stärkere Verletzung der Annahme gleicher Störeinkopplungen in Kauf genommen werden. ANDRIEU [2] versucht, diesem Aspekt dadurch zu begegnen, dass die Leitungen in Abhängigkeit der Verhältnisse der Abschlusswiderstände zum Gleichtaktwellenwiderstand in vier Gruppen eingeteilt werden, sodass nur noch innerhalb dieser Gruppen eine gleiche Störeinkopplung angenommen werden muss.

Diese Überlegung verbessert die Qualität der Approximation, berücksichtigt jedoch nicht die Unterschiede innerhalb einer Gruppe. Die Bedeutung dieses Aspekts wird deutlich, wenn ein Kabelbaum betrachtet wird, der mit einem sehr hochohmigen, aber dennoch heterogenen Netzwerk abgeschlossen ist, bei dem alle Widerstände derselben Gruppe zugeordnet werden würden.

In den folgenden Abschnitten 3.2.1, 3.2.2 und 3.2.3 sollen deshalb verschiedene Ansätze vorgestellt werden, die anstelle der Gruppierung der Adern eine Gewichtung vornehmen, um den Einfluss der einzelnen Adern auf die Gesamteinkopplung zu bewerten. Dieses Vorgehen ermöglicht zudem die Reduzierung von Kabelbäumen auf nur eine einzelne

Ersatzader, ohne für alle Originaladern identische Einkopplungen annehmen zu müssen. Auf den folgenden Seiten soll dabei davon ausgegangen werden, dass der untersuchte Kabelbaum bereits gemäß dem in Abschnitt 3.1.1 vorgestellten Verfahren zusammengefasst wurde und auf der Ersatzader äquivalente Störgrößen bestimmt wurden. Diese sollen nachfolgend geeignet auf die Störgrößen des originalen (physikalischen) Systems umgerechnet werden.

3.2.1. Bestimmung der Störströme auf Basis der Widerstandsverhältnisse

Für den ersten Ansatz sollen die Werte der Leitungsabschlüsse direkt als Kriterium für die Gewichtung verwendet werden. Dazu ist in Abbildung 3.15 der Prozess des Zusammenfassens der Abschlüsse im Rahmen der Querschnittsreduzierung und die anschließende Verwendung der Widerstandswerte als Gewichtungsmerkmal skizziert: In Abbildung 3.15(a) ist der Original-Kabelbaum dargestellt, der in Abbildung 3.15(b) zusammengefasst worden ist (Leiter und Widerstände zusammengefasst). Hier ist auch der ermittelte Strom $I_{\text{äq},2}$ dargestellt, der im Folgenden genutzt werden soll, um die originalen I_i zu bestimmen. Zu diesem Zweck wird in Abbildung 3.15(c) das ursprüngliche Abschlussnetzwerk wieder eingeführt, um anschließend den Strom $I_{\text{äq},2}$ im Sinne eines Stromteilers aufzuteilen. So ergibt sich gemäß diesem Ansatz z. B. I_4 als

$$I_4 = I_{\text{äq},2} \cdot \frac{R_4^{-1}}{R_4^{-1} + R_5^{-1} + R_6^{-1}} = \frac{I_{\text{äq},2}}{F_4} , \tag{3.22}$$

wobei die F_i Faktoren darstellen, die die Ströme des originalen und des reduzierten Kabelbaums verknüpfen:

$$\begin{pmatrix} F_4 \\ F_5 \\ F_6 \end{pmatrix} = \begin{pmatrix} \frac{I_{\text{äq},2}}{I_4} \\ \frac{I_{\text{äq},2}}{I_5} \\ \frac{I_{\text{äq},2}}{I_6} \end{pmatrix} . \tag{3.23}$$

Es soll dabei angenommen werden, dass die Eingangsimpedanzen der angeschlossenen Geräte jeweils an beiden Enden identisch sind.

Die Anwendung dieses Ansatzes soll anhand zweier Beispiele demonstriert werden. Zu

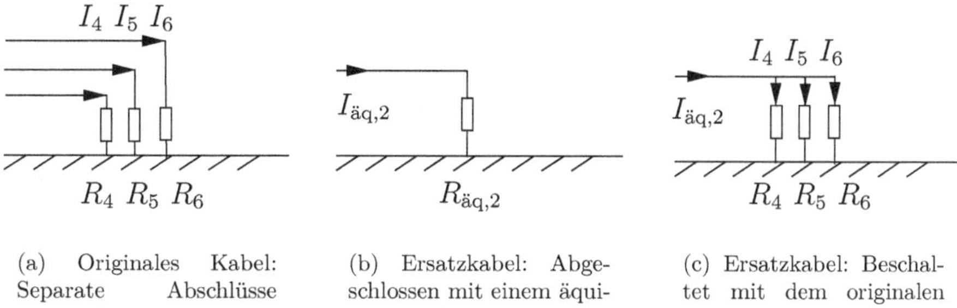

(a) Originales Kabel: Separate Abschlüsse am rechten Ende des Kabelbaums

(b) Ersatzkabel: Abgeschlossen mit einem äquivalenten Widerstand

(c) Ersatzkabel: Beschaltet mit dem originalen Widerstandsnetzwerk

Abbildung 3.15.: Äquivalenz der Abschlüsse des originalen Kabelbaums und des Ersatzkabels

diesem Zweck wird ein Kabelbaum mit einem Netzwerk aus sehr unterschiedlichen Abschlüssen beschaltet. Die Adern werden zusammengefasst. Aus der Parallelschaltung der Abschlüsse ergibt sich in diesem Beispiel ein Ersatzabschlusswiderstand von 30,2 Ω. In Abbildung 3.16 ist die exakte Berechnung und die Abschätzung für eine Ader des Kabels dargestellt, die beidseitig mit 50 Ω abgeschlossen ist. In Abbildung 3.17 betragen die Abschlusswiderstände einer anderen, dort betrachteten Ader des Kabels 10 kΩ, sind also deutlich größer als der Ersatzwiderstand.

Wie den Diagrammen entnommen werden kann, steigt der Fehler mit einem wachsenden Verhältnis $|R_i/R_{äq}|$. Die mittleren Fehler liegen für Abbildung 3.16 bei 20,34 % bzw. bei 75,45 % für Abbildung 3.17. Dieses Verhalten lässt sich erklären, wenn man berücksichtigt, dass die Widerstandsverhältnisse als skalare Umrechnungsfaktoren die Situation vereinfacht wiedergeben: In Abbildung 3.18 ist eine Beispielanordnung einer Feldeinkopplung dargestellt, für die in Abbildung 3.19 der induzierte Strom am rechten Leitungsende berechnet wird, wenn einmal 50 Ω- bzw. 300 Ω-Abschlusswiderstände angeschlossen sind. Aus Abbildung 3.19 wird deutlich, dass nicht nur für die Ströme, sondern auch für ihre Verhältnisse eine deutliche Frequenzabhängigkeit besteht. Das Widerstandsverhältnis von $F = \frac{300\ \Omega}{50\ \Omega} = 6$ in diesem Beispiel ergibt sich in dem Diagramm als Maximalwert. Diese Ergebnisse bestätigen, dass die Qualität eines solchen Ansatzes stark davon abhängt, wie groß die Verhältnisse $|R_i/R_{äq,i}|$ sind.

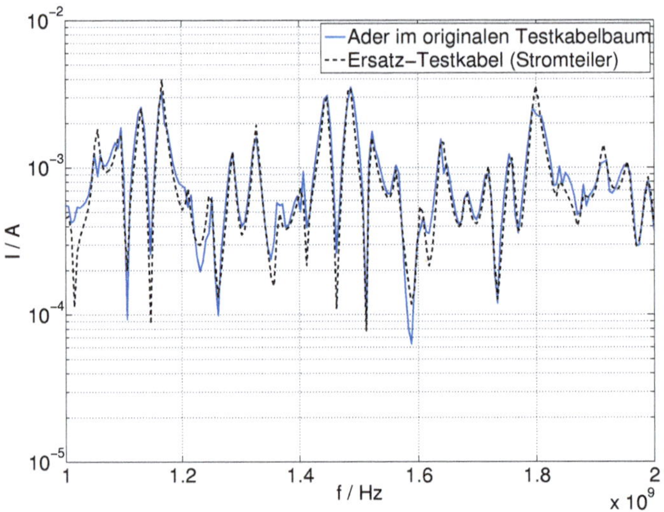

Abbildung 3.16.: Stromteiler: Induzierter Strom in einer Ader, deren Abschlüsse R_i = 50 Ω in einer ähnlichen Größenordnung liegen wie die $R_{\text{äq},i}$ = 30,2 Ω

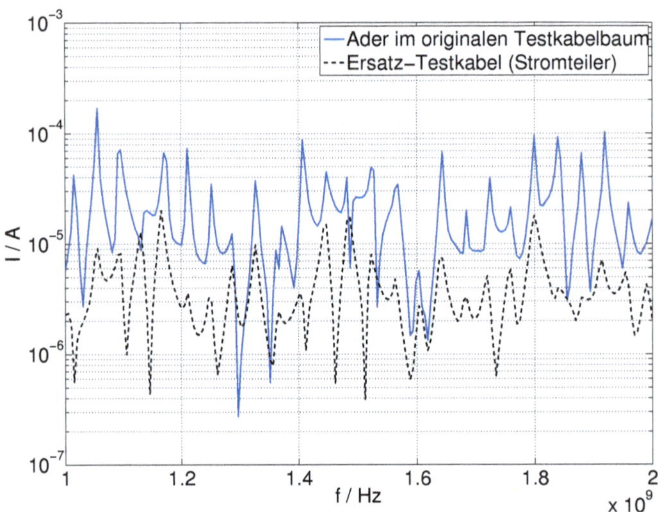

Abbildung 3.17.: Stromteiler: Induzierter Strom in einer Ader, deren Abschlüsse R_i = 10 kΩ deutlich größer sind als die $R_{\text{äq},i}$ = 30,2 Ω

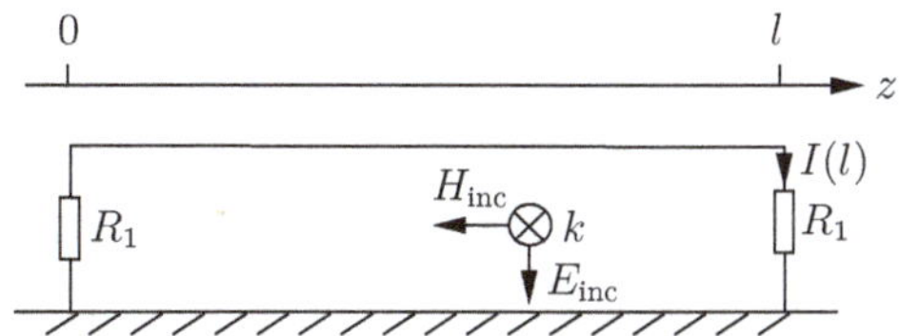

Abbildung 3.18.: Richtung der Feldbeaufschlagung („Broadside“, [3])

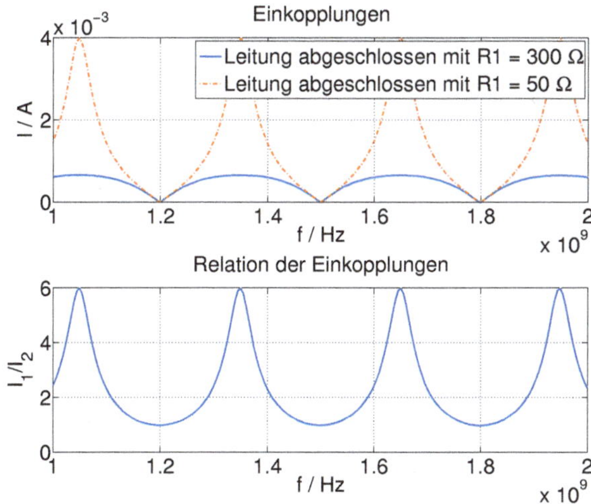

Abbildung 3.19.: Induktion eines Stroms in Leitungen mit unterschiedlichen Abschlüssen

3.2.2. Bestimmung der Störströme mit numerischen Abschätzungen

Ausgehend von den Ergebnissen des ersten Ansatzes sollen in diesem Abschnitt die dort beobachteten Ungenauigkeiten mit einem neuen Ansatz reduziert werden. Dazu wird eine Äquivalenz verschiedener Kabelbäume gemäß Abbildung 3.20 postuliert:

In den Abbildungen 3.20(a) und 3.20(b) werden der *Original-Test*kabelbaum und der *Ersatz-Test*kabelbaum dargestellt, wie sie bereits bekannt sind. In den Abbildungen 3.20(c) und 3.20(d) werden zwei weitere Kabelbündel eingeführt: der *originale Referenz*kabelbaum und der *Ersatz-Referenz*kabelbaum. Wie den Abbildungen entnommen werden kann, besitzen jeweils die Testkabelbäume (oben) und die darunter stehenden

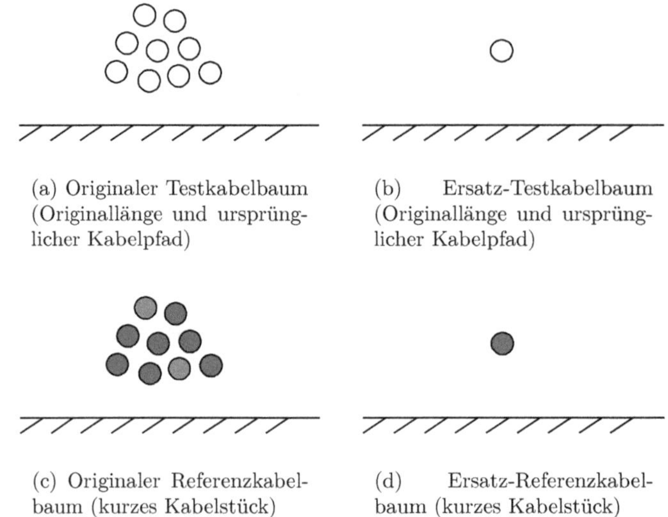

(a) Originaler Testkabelbaum (Originallänge und ursprünglicher Kabelpfad)

(b) Ersatz-Testkabelbaum (Originallänge und ursprünglicher Kabelpfad)

(c) Originaler Referenzkabelbaum (kurzes Kabelstück)

(d) Ersatz-Referenzkabelbaum (kurzes Kabelstück)

Abbildung 3.20.: Ansatz der Äquivalenz des originalen Testkabelbaums und von Ersatzdarstellungen

Referenzkabelbäume dieselben Querschnitte. Der Unterschied besteht darin, dass die Referenzkabelbäume, verglichen mit den Testkabelbäumen, nur sehr kurze Kabelstücke darstellen.

Die Idee hinter diesen Anordnungen ist die Annahme, dass in Bezug auf die Störfestigkeit die Verhältnisse zwischen den Adern des Original-Testkabelbaums und des Ersatz-Testkabelbaums (Abbildungen 3.20(a), 3.20(b)) vergleichbar sind mit den Verhältnissen der Adern des Original-Referenzkabelbaums und des Ersatz-Referenzkabelbaums (Abbildungen 3.20(c), 3.20(d)):

$$\begin{aligned} F_i &:= \frac{I_{(\text{Ersatz-Testkabelbaum})}}{I_{(\text{Original-Testkabelbaum},i)}} \approx \\ G_i &:= \frac{I_{(\text{Ersatz-Referenzkabelbaum})}}{I_{(\text{Original-Referenzkabelbaum},i)}} \,. \end{aligned} \tag{3.24}$$

Selbstverständlich sind die eingekoppelten Ströme von der Länge der jeweiligen Leiter abhängig. An dieser Stelle wird die Idee verfolgt, lediglich die Beziehung der Verhältnisse

F_i und G_i der Ströme zu nutzen, um anhand der Referenzkabelbäume eine Gewichtung vornehmen zu können. Das Vorgehen gestaltet sich dann wie folgt:

1. Bestimmung aller Parameter des Kabelpfads des ursprünglichen Kabelbaums, der untersucht werden soll („Original-Testkabelbaum", Abbildung 3.20(a)).

2. Erstellung eines Ersatzkabelbaums (Abbildung 3.20(b)). Dieser Ersatzkabelbaum nimmt den Platz des Originalkabelbaums entlang des Kabelpfads ein.

3. Es wird eine Störfestigkeitsanalyse für diesen Ersatzkabelbaum in der originalen Umgebungsstruktur durchgeführt.

4. Mithilfe kurzer Abschnitte der Kabelbäume aus Abbildungen 3.20(a) und 3.20(b) werden die Referenzkabelbäume (Abbildungen 3.20(c), 3.20(d)) erstellt. Als Länge dieser Referenzkabel hat sich $(1...2) \cdot \lambda$ der niedrigsten untersuchten Frequenz bewährt. Anschließend erfolgt die Störfestigkeitsanalyse der kurzen Referenzkabelbäume.

5. Die Beziehungen G_i zwischen den Referenzkabeln werden gemäß Gl. 3.24 bestimmt. Sie werden verwendet, um die Ströme des Original-Testkabelbaums (Abbildung 3.20(a)) aus dem Ersatz-Testkabelbaum (Abbildung 3.20(b)) zu bestimmen.

Auf diese Art und Weise ist es möglich, die induzierten Ströme an den Abschlüssen von sehr langen Kabelbündeln abzuschätzen, indem nur ein einziges Ersatzkabel in der Original-Struktur berechnet wird und auf Basis des dort berechneten Stroms auf die gesuchten Ströme des Original-Kabelbaums zurückgeschlossen wird. Dies ist ein sehr einfacher und geradliniger Ansatz, der beim Aufstellen der Verhältnisse G_i viele Einflussgrößen implizit berücksichtigt.

Auch für diesen Ansatz sollen die Ergebnisse für unterschiedlich abgeschlossene Adern eines Kabelbaums dargestellt werden. Dafür kommt derselbe Aufbau wie beim vorherigen Ansatz zum Einsatz (CAD-Modell s. Abbildung 3.21). Wieder werden exemplarisch zwei Adern mit unterschiedlich großen Abschlüssen betrachtet. Auch bei diesem zweiten Ansatz zeigt sich, dass die Qualität des Ansatzes mit steigendem $|R_i/R_{\text{äq}}|$ sinkt. Die mittleren Fehler liegen für diese Beispiele bei 21,19 % (Abbildung 3.22) bzw. bei 66,68 % (Abbildung 3.23). Ein Vergleich mit den Diagrammen des vorigen Ansatzes (Abbildung

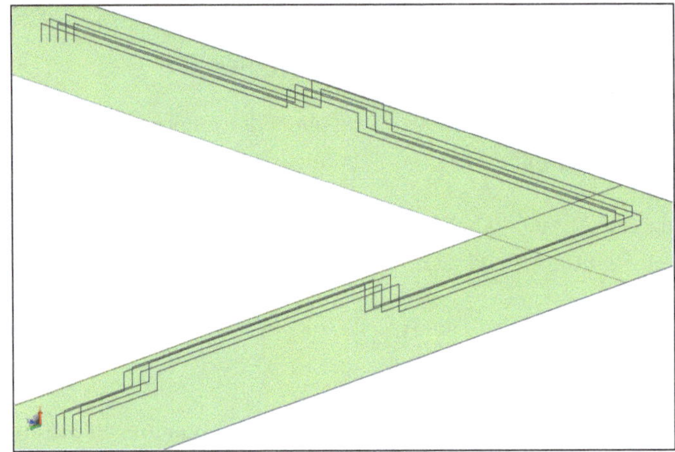

Abbildung 3.21.: Geometrie des Kabelpfades des Original-Testkabels, das für die Validierung verwendet wurde (Für eine bessere Darstellung wurde der Kabelpfad in dieser Abbildung verkürzt.)

3.16, Abbildung 3.17) zeigt, dass insbesondere für die Beispielrechnung mit dem sehr großen Widerstandsunterschied die neu erstellte Approximation der exakten Rechnung besser folgt.

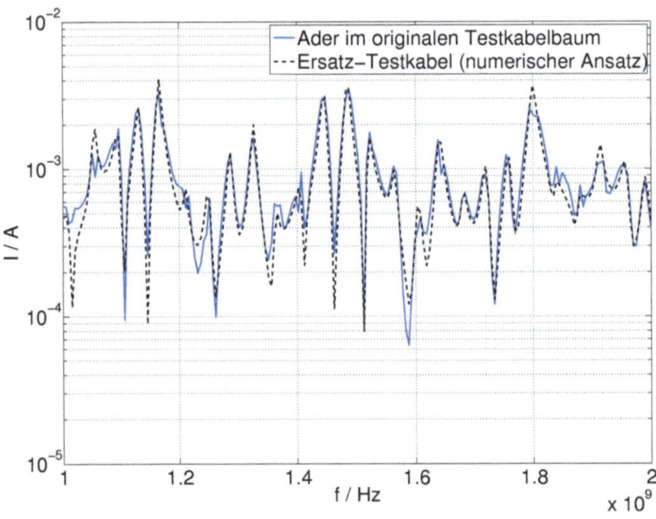

Abbildung 3.22.: Numerische Abschätzung: Induzierter Strom in einer Ader, deren Abschlüsse R_i in einer ähnlichen Größenordnung liegen wie die $R_{\ddot{a}q,i}$

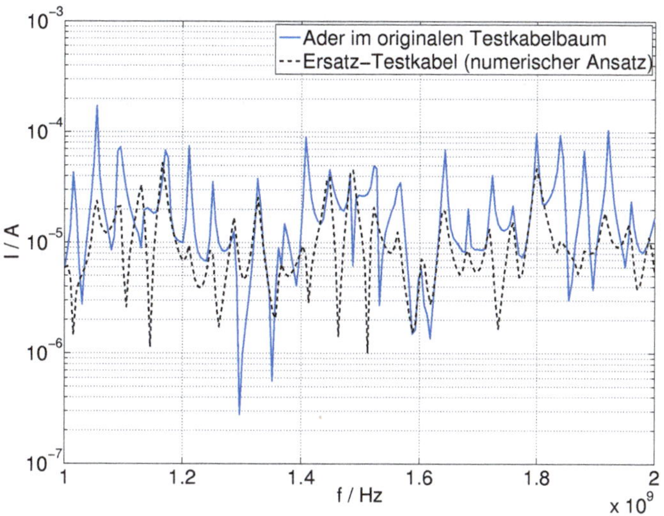

Abbildung 3.23.: Numerische Abschätzung: Induzierter Strom in einer Ader, deren Abschlüsse R_i deutlich größer sind als die $R_{\text{äq},i}$

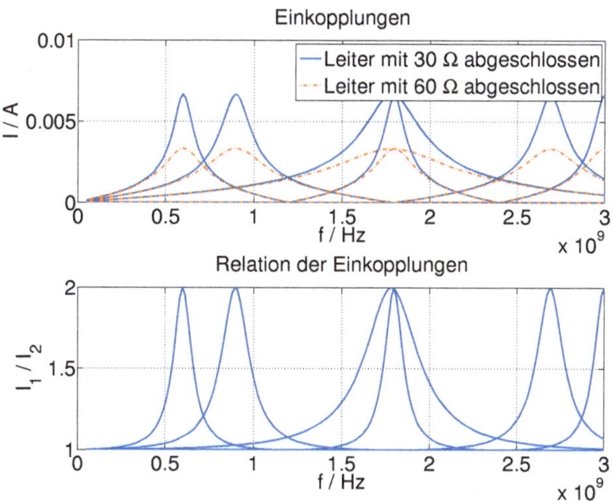

Abbildung 3.24.: Einfluss der Länge der Referenz-Kabel (Kurvenscharen mit unterschiedlichen Leitungslängen)

Zu beachten ist, dass bei diesem numerischen Ansatz nicht mit einem frequenzabhängigen Umrechnungsfaktor gerechnet wird, wie er grundsätzlich zu Verfügung stünde -

vielmehr wird mit einem Mittelwert über den Frequenzbereich ein Skalar verwendet. Dies geschieht aus der Erkenntnis, dass nicht nur die Störeinkopplungen in einen Leiter von dessen Länge abhängig sind, sondern auch das Verhältnis der induzierten Ströme verschiedener Leiter innerhalb eines Kabelbaums (Abbildung 3.24). Erfolgt jedoch eine Mittelung über die Frequenz, so ist der resultierende Wert vernachlässigbar abhängig von der Leiterlänge. Gl. 3.24 wird deshalb korrigiert zu:

$$F_i := \overline{\left(\frac{I_{(\text{Ersatz-Testkabelbaum})}}{I_{(\text{Original-Testkabelbaum},i)}}\right)} \approx$$
$$G_i := \overline{\left(\frac{I_{(\text{Ersatz-Referenzkabelbaum})}}{I_{(\text{Original-Referenzkabelbaum},i)}}\right)} \,. \tag{3.25}$$

3.2.3. Bestimmung der Störströme aufgrund von leitungstheoretischen Ansätzen

Der dritte präsentierte Ansatz basiert auf der Weiterentwicklung des numerischen Vorgehens aus dem vorigen Abschnitt. Beim letzten Ansatz wurden die Gewichtungsfaktoren bestimmt, indem an einem originalen Referenzkabelbaum und einem Ersatz-Referenzkabelbaum (beide mit verkürzter Länge) mithilfe von numerischen Zusatzsimulationen eine Verhältnisbildung der Ströme durchgeführt wurde.

Genauso wie im letzten Abschnitt soll auch hier die Ersatzgeometrie nur einen einzelnen äquivalenten Leiter enthalten. Für diesen soll eine Störfestigkeitsanalyse durchgeführt werde, um anschließend über die Gewichtungsfaktoren auf die Störeinkopplungen des originalen Kabelbaums zu schließen. In diesem Abschnitt werden die Gewichtungsfaktoren bestimmt, indem eine leitungstheoretische Analyse der Verhältnisse der Ströme und Spannungen in einem als Referenz dienenden vereinfachten Originalkabelbaum herangezogen wird. Die Vereinfachung bezieht sich auf die Annahme eines homogenen, gleichförmigen Kabelpfades und die Reduzierung der Umgebungsstruktur auf eine Masseebene. Auf diese Weise können die Gewichtungsfaktoren an einem Referenzkabelbaum mit der Originallänge bestimmt werden. Aufgrund der leitungstheoretischen Betrachtung bedeutet die Berücksichtigung der Originallänge keinen Zusatzaufwand.

Da die für die Analyse notwendige analytische Berechnung der Feld-zu-Leitungskopplung einen erhöhten Aufwand bedeutet, ist dieser Ansatz dort sinnvoll einzusetzen, wo eine einfache Feldmodellierung möglich ist.

Die Gewichtung wird wie folgt durchgeführt: Mit der leitungstheoretischen Berechnung der Spannungen und Ströme, die von einem äußeren Feld in dem Referenzkabelbaum verursacht wurden, ist es möglich, am Leitungsende eine Verhältnisbildung in Form einer Normierung z. B. auf die Größen der Leitung 1 durchzuführen. Damit werden alle Spannungen und Ströme in Abhängigkeit dieser zwei Größen ausgedrückt:

$$I_i(l) = \beta_i \cdot I_1(l) \ , \tag{3.26}$$

$$U_i(l) = \alpha_i \cdot U_1(l) \ . \tag{3.27}$$

Aufgrund dieser Verhältnisbildung ergeben sich die Größen des äquivalenten Ersatzkabels beim Parallelschalten der Originalleiter als:

$$I_{\text{äq}}(l) = I_1 \cdot \beta_1 + I_1 \cdot \beta_2 + ... = I_1 \cdot \sum_{i=1}^{N} \beta_i \ , \tag{3.28}$$

$$U_{\text{äq}}(l) = \frac{U_1 \cdot \alpha_1 + U_1 \cdot \alpha_2 + ...}{N} = \frac{U_1 \cdot \sum_{i=1}^{N} \alpha_i}{N}. \tag{3.29}$$

Um nun nach diesem Ansatz zu verfahren, müssen zunächst die Gewichtungsfaktoren α_i und β_i anhand des Referenzkabelbaums bestimmt werden. Anschließend folgt die Störfestigkeitsanalyse des äquivalenten Ersatzmodells, das nur aus einem Leiter besteht. Daraus ergeben sich die Größen $I_{\text{äq}}$ und $U_{\text{äq}}$. Daraus kann wie folgt auf die Ströme und Spannungen im originalen Kabelbaum geschlossen werden:

$$I_i = \frac{I_{\text{äq}}}{\sum_{i=1}^{N} \beta_i} \cdot \beta_i \ , \tag{3.30}$$

$$U_i = \frac{U_{\text{äq}} \cdot N}{\sum_{i=1}^{N} \alpha_i} \cdot \alpha_i \ . \tag{3.31}$$

Dieses Vorgehen kann u.a. bei der Vereinfachung von geschirmten Mehrleiterkabelbäumen verwendet werden. Auf die Besonderheiten ihrer mathematischen Beschreibung wird in Kapitel 5 eingegangen. An dieser Stelle soll zunächst nur die Qualität der hier vorgeschlagenen Gewichtung am Beispiel eines geschirmten Kabels demonstriert werden.

Das dafür im Folgenden verwendete vieradrige geschirmte Testkabel besitzt die folgenden Eigenschaften: Schirminnenradius: 3 mm, Aderradius: 0,5 mm, Adern auf halbem Schirminnenradius symmetrisch angeordnet. Das Kabel ist in 5 mm Höhe über der Referenzmasse angeordnet und besitzt eine Länge von nur 0,8 m, um die Anzahl der

Resonanzen und damit die Diagramme überschaubar zu halten. Die Leitungen werden beidseitig mit den breit gefächerten Impedanzen 5 Ω, 50 Ω, 500 Ω und 5 MΩ abgeschlossen.

Dieses Kabel wird durch einen einadrigen Kabelbaum ersetzt, der durch $L'_{\text{äq}}$, $C'_{\text{äq}}$ und die Parallelschaltung der Abschlusswiderstände repräsentiert wird. Dieser Kabelbaum wird derselben Erregung wie das Original ausgesetzt, um nach Anwendung der Gewichtung die Approximationen mit den Originalgrößen vergleichen zu können. Die Ergebnisse in Abbildung 3.25 zeigen für die hier dargestellte Widerstandsbandbreite eine gute Näherung der exakten Ergebnisse. Selbst bei Erhöhung des Verhältnisses zwischen dem kleinsten und dem größten an dem Kabel angeschlossenen Widerstand auf 10^9 beträgt der Faktor zwischen der Approximation und der exakten Berechnung stets weniger als 1,9.

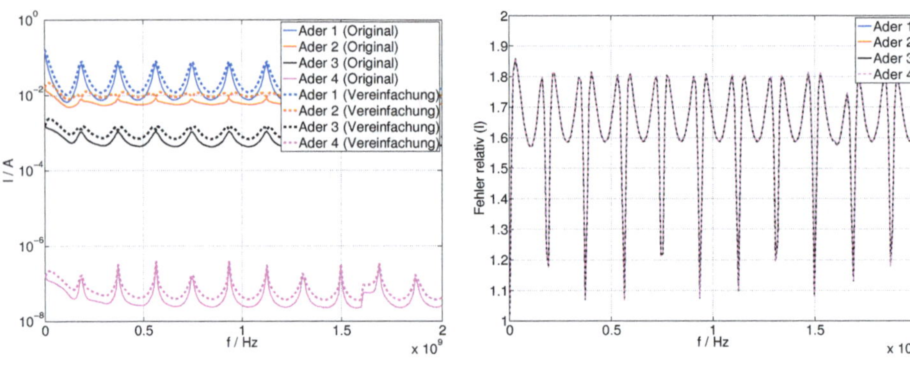

(a) Vergleich der Störströme in den Originaladern und im Ersatzmodell

(b) Faktor zwischen der Approximation und der exakten Berechnung

Abbildung 3.25.: Gewichtete Vereinfachung eines vieradrigen geschirmten Kabels

3.2.4. Einfluss der Richtung des Feldeinfalls auf die Größenverhältnisse der eingekoppelten Ströme

Die letzten beiden Ansätze basieren auf der Berechnung der Feldeinkopplung in Referenzkabelbäume, anhand derer eine Verhältnisbildung zwischen den Störgrößen für eine Gewichtung vorgenommen wird. Vor diesem Hintergrund soll untersucht werden, welchen Einfluss die Richtung der Feldeinstrahlung auf die Einkopplung besitzt. Zu diesem Zweck werden exemplarisch drei Fälle (Abbildungen 3.26, 3.27, 3.28) betrachtet.

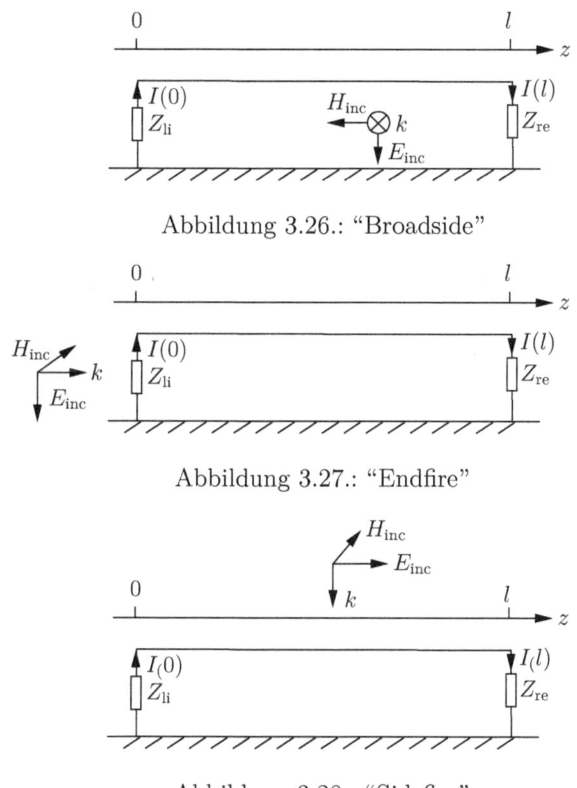

Abbildung 3.26.: "Broadside"

Abbildung 3.27.: "Endfire"

Abbildung 3.28.: "Sidefire"

Für diese drei Situationen können die eingekoppelten Ströme $I(l)$ bei Annahme verlustloser Leitungen bestimmt werden als [3]:

„Broadside“:

$$I(l) = \frac{2hE_{\text{inc}}}{\hat{D}} \cdot \left[1 - \cos(\beta l) - \mathrm{j}\sin(\beta l) \cdot \frac{Z_{\text{li}}}{Z_c}\right] , \tag{3.32}$$

„Endfire“:

$$I(l) = \frac{h \cdot E_{\text{inc}}}{\hat{D}} \cdot \left(1 - \frac{Z_{\text{li}}}{Z_c}\right) \cdot [1 - \cos(2\beta l) + \mathrm{j} \cdot \sin(2\beta l)] , \tag{3.33}$$

„Sidefire“:

$$I(l) = \frac{2hE_{\mathrm{inc}}}{\hat{D}} \cdot \frac{\sin(\beta h)}{\beta h} \cdot \left[\mathrm{j}\sin(\beta l) + (\cos(\beta l) - 1)\frac{Z_{\mathrm{li}}}{Z_c}\right] , \tag{3.34}$$

mit:

$$\hat{D} = \cos(\beta l) \cdot (Z_{\mathrm{li}} + Z_{\mathrm{re}}) + \mathrm{j}\sin(\beta l) \cdot \left(Z_c + \frac{Z_{\mathrm{li}} \cdot Z_{\mathrm{re}}}{Z_c}\right) , \tag{3.35}$$

Dabei sind h die Höhe der Leitung über der Massefläche, β die Phasenkonstante und l die Leitungslänge.

Für jede dieser Situationen werden die induzierten Ströme berechnet. Dies geschieht jeweils für zwei Fälle, wenn beidseitig ein R_1 bzw. ein R_2 angeschlossen ist. In Abbildung 3.29 sind die daraus resultierenden Verhältnisse der induzierten Ströme $(I_1(R_1)/I_2(R_2))$ über die Frequenz aufgetragen für den Fall, dass das Verhältnis R_2/R_1 der Abschlusswiderstände 6 beträgt. Dies geschieht für die drei obigen Fälle. Es ist zu erkennen, dass die Varianten „Broadside“ und „Sidefire“, bei denen entweder jeweils nur das elektrische oder nur das magnetische Feld für die Gegentakt-Einkopplung maßgeblich sind, gleiche Amplituden besitzen. Die Variante „Endfire“, bei der sowohl das E- als auch das H-Feld zu der Einkopplung beitragen, besitzt eine deutlich größere Amplitude. Zudem sind die drei Varianten bezügl. der Frequenzachse gegeneinander verschoben. Das Verhältnis der Störeinkopplungen auf verschieden abgeschlossenen Adern eines Kabels hängt also maßgeblich von der Richtung und der Polarisation des einfallenden Feldes ab.

Eine Verwendung der zwei letzten Gewichtungsansätze ist demzufolge in den nachfolgenden Situationen denkbar:

1. Es liegt eine Freifeldsituation vor oder eine vergleichbare Situation, bei der eine dominierende Feldrichtung angenommen werden kann.

2. Es liegt eine Situation wie in einer Modenverwirbelungskammer vor, bei der alle Feldbeaufschlagungsrichtungen existieren. Dieses Szenario kommt den Verhältnissen im Inneren eines metallischen Schiffsrumpfs nahe. Wie in einer Modenverwirbelungskammer kann hier der Ansatz vertreten werden, dass im Mittel alle Feldrichtungen gleichermaßen vorliegen, sodass eine Mittelung angewendet werden kann.

3. Der betrachtete Kabelbaum ist geschirmt, sodass im Inneren des Schirms die Feldrichtung qualitativ bekannt ist.

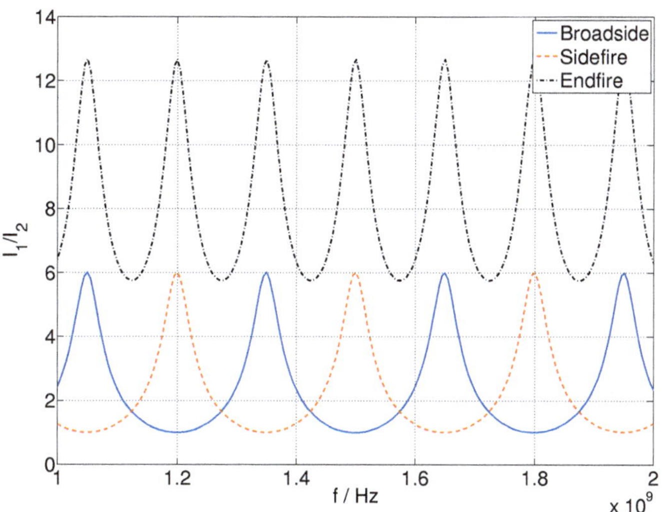

Abbildung 3.29.: Einfluss der Richtung und der Polarisation des einfallenden Feldes auf das Verhältnis der Einkopplungen in unterschiedlich abgeschlossene Adern

4. Topologische Zerlegung von Kabelbäumen

4.1. Anwendungssituation

Das Konzept der elektromagnetischen Topologie (EMT) [26, 27] spielt bei der abschnittsweisen Analyse großer Strukturen eine wichtige Rolle. In Bezug auf die Analyse von leitungsgeführten Störungen kann eine solche topologische Zerlegung und abschnittsweise Betrachtung aus mehreren Gründen sinnvoll oder notwendig sein:

Grund 1: Eingefügte Baugruppen

Der Kabelpfad vom Ort der Feldbeaufschlagung bis hin zum Ort des zu schützenden Geräts besitzt möglicherweise keine direkte Verbindung. Vielmehr kann er von eingefügten Elementen durchsetzt sein, wie

- Filtern, die in den Kabelpfad eingefügt wurden, um z. B. an der Grenze zwischen zwei elektromagnetischen Zonen eine Entkopplung zu erreichen, oder
- Baugruppen sonstiger Art, die keinen Schutzcharakter besitzen, aber eine funktionale Aufgabe erfüllen in Bezug auf das Nutzsignal. Dies können HF-Transceiver sein, die Datensignale in HF-Bänder umsetzen, um sie anschließend über Antennen abzustrahlen. Weitere Beispiele sind Switche, Hubs und andere Geräte, die den Datenfluss in Bussystemen steuern.

Um aus den einzelnen Abschnitten den gesamten Pfad zusammensetzen zu können, ist es notwendig, die eingefügten Baugruppen mit Hilfe von Übertragungsfunktionen zu charakterisieren. Hier treten besondere Anforderungen auf, da die Linearität nicht vorausgesetzt werden kann. Schutzschaltungen wie Funkenstrecken oder Avalanchdioden weisen beispielsweise ein nichtlineares Verhalten auf. Bezüglich der Charakterisierung von Schutzelementen sei auf [28] verwiesen.

Grund 2: Verzweigte Kabelbäume

In Bezug auf Knotenpunkte in Kabelbäumen sind zwei Varianten zu unterscheiden: In Abbildung 4.1(a) ist der Fall der Parallelschaltung von zwei Leitersträngen dargestellt. Bei einer leitungstheoretischen Analyse stellt der Knoten die Grenze zwischen den separat betrachteten Kabelabschnitten dar. Für eine stückweise Betrachtung ist es notwendig, die jeweiligen Abschlusswiderstände von den Enden der Leitungen an den Ort des Knotens zu transformieren, um eine Darstellung des dort vorliegenden Eingangswiderstands zu erhalten.

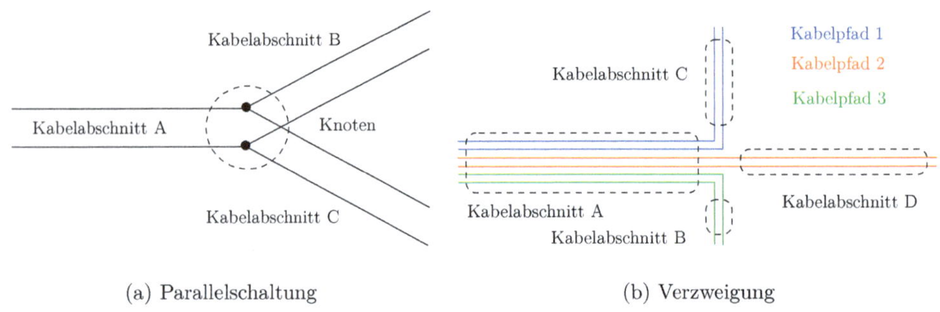

(a) Parallelschaltung (b) Verzweigung

Abbildung 4.1.: Verschiedene Ausführungsformen von Knotenpunkten

Abbildung 4.1(b) stellt mit der Verzweigung eines Kabelbaums im Knoten eine weitere Ausführungsform dar. Für diesen Fall besteht ebenfalls die Möglichkeit, das Netzwerk in die Kabelabschnitte (A, B, C und D) zu unterteilen. Die Transformation der Abschlusswiderstände in den Knoten erlaubt die abschnittsweise Analyse. Alternativ bietet es sich an, das Netzwerk nicht in Kabel*abschnitte* zu unterteilen, sondern in Kabel*pfade*. So wird jeder Kabelpfad separat als unterbrechungsfreie Verbindung betrachtet. Damit erhält man Kabelbäume, die jeweils für sich über die gesamte Länge und ohne die Unterteilung in einzelne Abschnitte z.B. durch reduzierte Ersatzmodelle dargestellt werden können (vgl. Abschnitt 3). Voraussetzung für die einfacherere Betrachtung mit Kabelpfaden (statt Kabelabschnitten) ist jedoch, dass beim Übergang z. B. vom Kabelabschnitt A zum Abschnitt D die Veränderung der elektromagnetischen Umgebung des Kabelpfades zu vernachlässigen ist. Bei Schirmkabeln ist der Einfluss der Umgebung vergleichsweise gering, während bei einfachen Adern die Berechnung in Kabelabschnitten sinnvoller ist.

Grund 3: Reduzierung des Netzwerkes

Werden Kabelabschnitte eines Netzwerks in Verlegerohren oder Kabelschächten verlegt, erfahren die Netzwerke nur eine partielle Störbeaufschlagung. Dies bietet die Möglichkeit, in Bezug auf die numerische Analyse eine weitere Reduzierung durchzuführen.

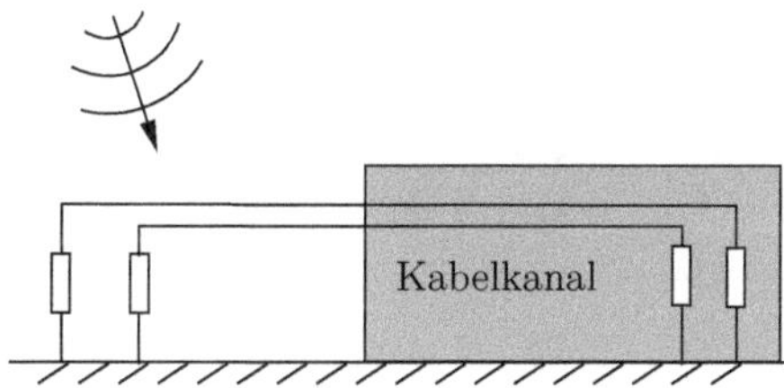

Abbildung 4.2.: Teilbeaufschlagung eines Kabels mit einem elektromagnetischen Feld

Abbildung 4.2 veranschaulicht das Prinzip: Der linke Abschnitt des Kabels stellt den Bereich dar, der dem einfallenden Feld direkt ausgesetzt ist. Nach Eintritt des Kabels in den Kabelkanal findet keine zusätzliche Einkopplung mehr statt - es wird lediglich die bis zu dieser Position eingekoppelte Störung über die Leitung bis an das rechte Widerstandsnetzwerk weitergeleitet. Bei einer solchen Konfiguration bietet es sich an, zunächst die Feldeinkopplung nur für den linken Bereich zu berechnen, um dann anschließend auf Basis der Leitungstheorie das Störsignal am rechten Leitungsabschluss zu bestimmen. Aus Sicht der rechenintensiven numerischen Feldanalyse existiert damit der Abschnitt des Kabelbaums, der „verdeckt“ verlegt ist (also der rechte Abschnitt), nicht mehr.

Die topologische Zerlegung und abschnittsweise Berechnung fußt stets auf der Berechnung der Eingangswiderstände an den Positionen, an denen eine Auftrennung eines Kabelstrangs erfolgen soll. Für eine einfache Zweidrahtleitung ergibt sich der Eingangswiderstand an einer beliebigen Position zu [7]:

$$Z_2 = Z_c \cdot \frac{Z_3 + Z_c \cdot \tanh(\gamma \cdot l_{23})}{Z_c + Z_3 \cdot \tanh(\gamma \cdot l_{23})} , \tag{4.1}$$

mit den Bezeichnungen aus Abbildung 4.3 und Z_c: Leitungswellenwiderstand, γ: Ausbreitungskonstante, l_{23}: Kabellänge, über die die Widerstandstransformation erfolgt.

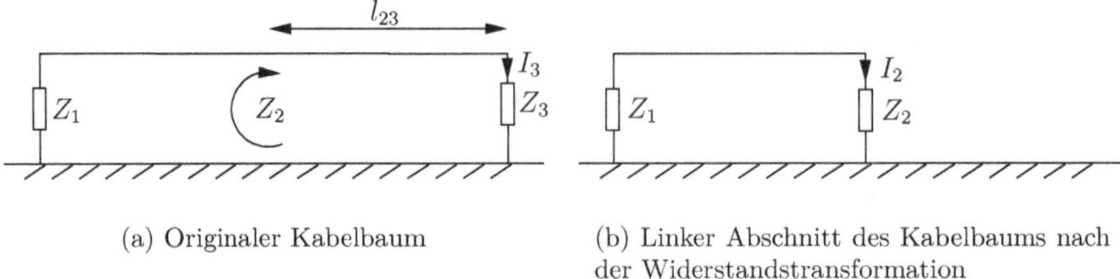

(a) Originaler Kabelbaum

(b) Linker Abschnitt des Kabelbaums nach der Widerstandstransformation

Abbildung 4.3.: Impedanztransformation über eine Zweifachleitung

Bei Kenntnis des Widerstands Z_2 (Ergebnis der Widerstandstransformation) und des Stromes I_2 (Ergebnis der Feldberechnung der Geometrie nach Abbildung 4.3(b)) ergibt sich der Strom $I_{3,\text{äq}}$ am Abschlusswiderstand Z_3 zu:

$$I_{3,\text{äq}} = I_2 \cdot \cosh(\gamma \cdot l_{23}) - \frac{Z_2 \cdot I_2 \cdot \sinh(\gamma \cdot l_{23})}{Z_\mathrm{c}} , \tag{4.2}$$

mit den Bezeichnungen aus Abbildung 4.3. Bei Annahme idealer Randbedingungen ist $I_{3,\text{äq}}$ identisch mit I_3.

4.2. Abschnittsweise Analyse von Mehrleiterkabelbäumen

Die nachfolgenden Ausführungen sollen in Bezug auf die Eingangs*admittanz*matrix $\boldsymbol{Y}_\mathrm{ein}$ erfolgen, da deren Verwendung ein intuitives Verständnis ermöglicht. Die gesuchte Eingangs*impedanz* ergibt sich anschließend als $\boldsymbol{Z}_\mathrm{ein} = \boldsymbol{Y}_\mathrm{ein}{}^{-1}$.

Der wesentliche Unterschied von Mehrleiterkabelbäumen zu einfachen Doppelleitungen besteht zum einen in der Verkopplung der einzelnen Leiter entlang der Leitungslänge. Zum anderen besitzen die zu transformierenden Abschlussadmittanzen von Mehrleiterkabeln eine höhere Dimension, die aus den zusätzlichen Elementen in den Admittanznetzwerken resultiert.

Die Admittanztransformation bei Mehrleiterkabeln muss deshalb stets als Matrixoperation und unter Berücksichtigung der "differenziellen" Elemente Y_{ij} erfolgen. Das gilt auch dann, wenn in den Abschlussnetzwerken gar keine Widerstände (d.h. vernachlässigbar kleine Leitwerte) zwischen den Leitungen vorhanden sind. Um dies zu erläutern, soll nachfolgend der Einfluss dieser Elemente Y_{ij} betrachtet werden.

Die Bedeutung der differenziellen Elemente Y_{ij} eines Abschlussnetzwerkes lässt sich anschaulich anhand des Norton-Äquivalents am Leitungsanfang darstellen (Nomenklatur nach Abbildung 4.4). Für den Fall eines voll besetzten Abschlussnetzwerkes gilt bei 2+1 Leitern:

$$\begin{pmatrix} I_1(0) \\ I_2(0) \end{pmatrix} = \underbrace{\begin{pmatrix} I_{s10} \\ I_{s20} \end{pmatrix}}_{\boldsymbol{I_s}} - \underbrace{\begin{pmatrix} Y_{10} + Y_{12} & -Y_{12} \\ -Y_{12} & Y_{20} + Y_{21} \end{pmatrix}}_{\boldsymbol{Y}} \cdot \begin{pmatrix} U_1(0) \\ U_2(0) \end{pmatrix} , \tag{4.3}$$

mit $Y_{12} = Y_{21}$.

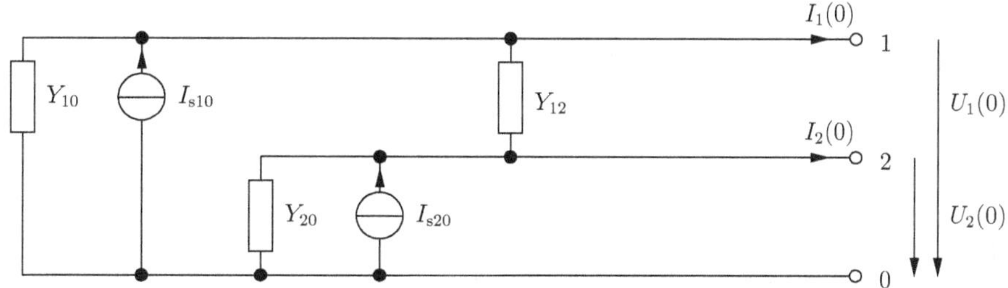

Abbildung 4.4.: Allgemeines Norton-Ersatzschaltbild für MTL-Abschlussnetzwerke

Bei einer vollständigen Entkopplung der Leitungen im Abschlussnetzwerk ergibt sich als Admittanzmatrix $\boldsymbol{Y}$ demnach eine Diagonalmatrix.

Zumindest in einem solchen Fall, in dem keine oder nur eine vergleichsweise geringe Verkopplung zwischen den Leitungen im Abschlussnetzwerk vorliegt, erscheint es statthaft, mithilfe der Mehrleitergleichungen die N Spannungen $U_i(z)$ gegen Referenzmasse und die N Ströme $I_i(z)$ und daraus die Eingangsadmittanzen

$$Y_{\mathrm{ein},i}(z) = \frac{I_i(z)}{U_i(z)} \; , i = 1,2,3,... \tag{4.4}$$

an einer Stelle z zu berechnen. Aus diesen Werten kann dann eine Eingangsadmittanzmatrix $\boldsymbol{Y}_{\mathrm{ein}} = \mathrm{diag}\{Y_{\mathrm{ein},i}\}$ mit Diagonalgestalt gebildet werden.

Die Qualität des Vorgehens gemäß Gl. 4.4 soll im Folgenden exemplarisch anhand zweier Konfigurationen betrachtet werden. Gegenstand der Untersuchung ist jeweils ein elektrisch langer 2+1-Leiter-Kabelbaum, der linksseitig auf Ader 1 mit einer Testquelle angeregt wird (Abbildung 4.5). In den zwei Konfigurationen werden die Abschlussnetzwerke variiert, die an beiden Leitungsenden jeweils identisch sein sollen. Die Bauelemente werden wie folgt dimensioniert:

$$\boldsymbol{I}_s = \begin{pmatrix} I_{s1} \\ 0 \end{pmatrix} \text{ (Testanregung) ,} \tag{4.5}$$

$$\text{Konfiguration A: } Y_{i0} = 1 \text{ mS}, Y_{ij} = \frac{1}{50} \text{ S ,} \tag{4.6}$$

$$\text{Konfiguration B: } Y_{i0} = \frac{1}{50} \text{ S}, Y_{ij} = 1 \text{ mS .} \tag{4.7}$$

Es gelten die Bezeichnungen aus Gl. 4.3 und Abbildung 4.4.

In Konfiguration A sind die Leitwerte gegen Masse deutlich kleiner als die zwischen den Leitungen. In Konfiguration B sind diese Verhältnisse umgekehrt. Gemäß oben stehender Argumentation wäre zu erwarten, dass mit Gl. 4.4 für die Konfiguration B aufgrund der deutlich größeren Entkopplung in den Abschlussnetzwerken eine genauere Approximation als für die Konfiguration A erzielt werden kann.

Als Testgrößen in beiden Konfigurationen dienen die Spannungen auf den beiden Adern an der Position z_{Test} (Abbildung 4.5). Für die Position $z = z_{\text{Auftrennung}}$ werden die Eingangsadmittanzen nach Gl. 4.4 berechnet. Mit diesen Werten erfolgt die Berechnung der Testspannungen über die Leitungslänge l_1 an z_{Test}. Die Referenzberechnungen werden mit der vollständigen Leitung der Länge l durchgeführt.

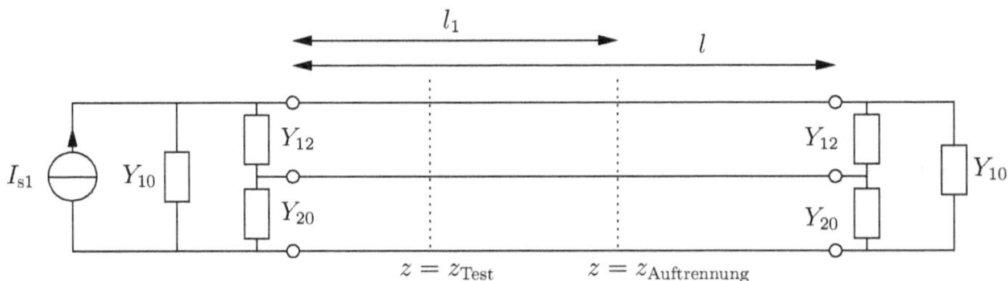

Abbildung 4.5.: Testbeschaltung eines 2+1-Leiter-Kabels

In den Abbildungen 4.6 und 4.7 werden die Ergebnisse dargestellt. Ihnen kann ent-

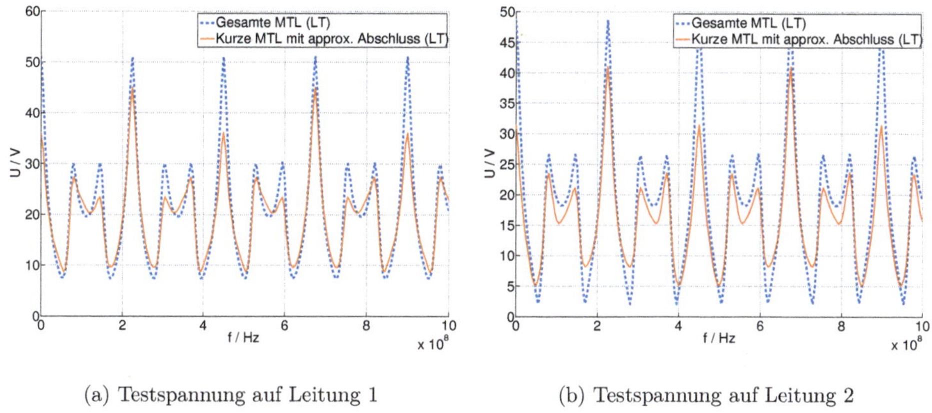

(a) Testspannung auf Leitung 1

(b) Testspannung auf Leitung 2

Abbildung 4.6.: Testspannungen für Konfiguration A. (Anregung: Quelle am Anfang von Leitung 1)

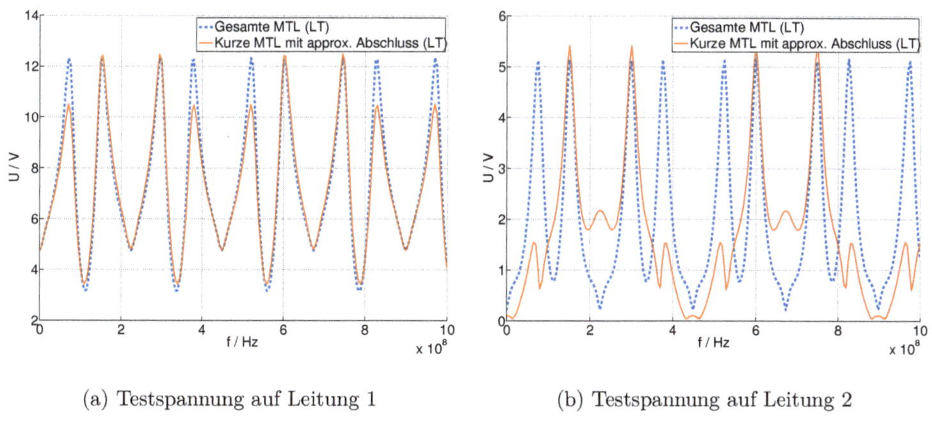

(a) Testspannung auf Leitung 1

(b) Testspannung auf Leitung 2

Abbildung 4.7.: Testspannungen für Konfiguration B. (Anregung: Quelle am Anfang von Leitung 1)

nommen werden, dass für die Konfiguration A der exakte Verlauf recht gut approximiert wird, während beim Typ B der Frequenzverlauf in Teilen erheblich abweicht. Dies kann damit erklärt werden, dass für die Größe der Fehler die Abschlussnetzwerke am Leitungsende nicht alleine verantwortlich sind: Die für die Genauigkeit maßgebliche Eingangsadmittanz hängt neben dem Abschlussnetzwerk unter anderem auch von der Leitungslänge ab, um die das Kabel verkürzt wurde. Vergleichsweise kleine Admittanzen zwischen den Leitungen am rechten Leitungsende (was eine geringe Verkopplung an dieser Stelle bedeutet) ist also nicht grundsätzlich gleichbedeutend mit einer geringen Verkopplung über die Eingangsadmittanzmatrix $\boldsymbol{Y}_{\mathrm{ein}}(z)$ an beliebiger Stelle z auf der Leitung. Und so ergibt sich in diesem Beispiel in Konfiguration B bei Verwendung von Gl. 4.4 auch nur eine relativ schlechte Übereinstimmung mit der exakten Berechnung.

4.3. Bestimmung der voll besetzten Eingangsimpedanzmatrix

Nachdem im vorigen Abschnitt die MTL-Eingangsimpedanzen approximativ bestimmt wurden, soll nun eine allgemeine und exakte Berechnung folgen. Die Leitungsgleichungen für ein Mehrleitersystem können in der folgenden Schreibweise notiert werden:

$$\boldsymbol{U}(z) = \mathrm{diag}\{\mathrm{e}^{-\gamma \cdot z}\} \cdot \boldsymbol{U}^{+} + \mathrm{diag}\{\mathrm{e}^{+\gamma \cdot z}\} \cdot \boldsymbol{U}^{-} \ , \tag{4.8}$$

$$\boldsymbol{I}(z) = \boldsymbol{Z}_c^{-1} \cdot \mathrm{diag}\{\mathrm{e}^{-\gamma \cdot z}\} \cdot \boldsymbol{U}^{+} - \boldsymbol{Z}_c^{-1} \cdot \mathrm{diag}\{\mathrm{e}^{+\gamma \cdot z}\} \cdot \boldsymbol{U}^{-} \ , \tag{4.9}$$

mit

$$\mathrm{diag}\{\mathrm{e}^{\gamma \cdot z}\} := \begin{pmatrix} \mathrm{e}^{\gamma \cdot z} & 0 & \ldots & 0 \\ 0 & \mathrm{e}^{\gamma \cdot z} & \ldots & 0 \\ \ldots & \ldots & \ldots & \ldots \\ 0 & 0 & \ldots & \mathrm{e}^{\gamma \cdot z} \end{pmatrix} \tag{4.10}$$

und unter der Annahme, dass die Ausbreitungskonstante γ für alle Leitungen als identisch betrachtet werden kann. Dies ist für eine über den Kabelquerschnitt homogene Leitung eine plausible Annahme. Der Reflexionskoeffizient $\boldsymbol{\Gamma}(z)$ kann definiert werden mit:

$$\mathrm{diag}\{\mathrm{e}^{\gamma \cdot z}\} \cdot \boldsymbol{U}^{-} = \boldsymbol{\Gamma}(z) \cdot \mathrm{diag}\{\mathrm{e}^{-\gamma \cdot z}\} \cdot \boldsymbol{U}^{+} \ . \tag{4.11}$$

Einsetzen in Gl. 4.8 und Gl. 4.9 ergibt:

$$\boldsymbol{U}(z) = [\boldsymbol{\xi} + \boldsymbol{\Gamma}(z)] \cdot \mathrm{diag}\{\mathrm{e}^{-\gamma \cdot z}\} \cdot \boldsymbol{U}^{+}, \tag{4.12}$$

$$\boldsymbol{I}(z) = \boldsymbol{Z}_c{}^{-1} \cdot [\boldsymbol{\xi} - \boldsymbol{\Gamma}(z)] \cdot \mathrm{diag}\{\mathrm{e}^{-\gamma \cdot z}\} \cdot \boldsymbol{U}^{+} \ , \tag{4.13}$$

mit der Einheitsmatrix $\boldsymbol{\xi}$. Einsetzen von Gl. 4.12 und Gl. 4.13 in

$$\boldsymbol{U}(z) = \boldsymbol{Z}_{\text{ein}}(z) \cdot \boldsymbol{I}(z) \tag{4.14}$$

ergibt nach einigen Umformungen:

$$\boldsymbol{Z}_{\text{ein}}(z) = [\boldsymbol{\xi} + \boldsymbol{\Gamma}(z)] \cdot [\boldsymbol{\xi} - \boldsymbol{\Gamma}(z)]^{-1} \cdot \boldsymbol{Z}_{\text{c}} \,. \tag{4.15}$$

Die hier benötigte Reflexionskoeffizientenmatrix an der Stelle z ist [29]:

$$\boldsymbol{\Gamma}(z) = \text{diag}\{\text{e}^{\gamma\cdot(z-l)}\} \cdot \boldsymbol{\Gamma}_l \cdot \text{diag}\{\text{e}^{\gamma\cdot(z-l)}\} \,, \tag{4.16}$$

mit dem Reflexionsfaktor am Leitungsende $z = l$:

$$\boldsymbol{\Gamma}(l) = \boldsymbol{\Gamma}_l = (\boldsymbol{Z}_{\text{L}} \cdot \boldsymbol{Y}_{\text{c}} + \boldsymbol{\xi})^{-1} \cdot (\boldsymbol{Z}_{\text{L}} \cdot \boldsymbol{Y}_{\text{c}} - \boldsymbol{\xi}) \,, \tag{4.17}$$

mit $\boldsymbol{Z}_{\text{L}}$: Lastimpedanznetzwerk am Leitungsende.

Abbildung 4.8 (links) veranschaulicht die Verwendung von Gl. 4.15 als vollständige Beschreibung für die N-dimensionale Eingangsimpedanzmatrix anhand des Testkabelbaums aus dem vorigen Beispiel. Dargestellt ist, analog zum vorigen Abschnitt und gemäß Abbildung 4.5, eine Testspannung an einer Position z_{Test}. Verglichen wird eine Referenzberechnung (Leitungslänge l) mit einer Berechnung unter Verwendung einer verkürzten Leitung zusammen mit der Eingangsimpedanz $\boldsymbol{Z}_{\text{ein}}$ an der Stelle $z_{\text{Auftrennung}}$. Für die Werte der Abschlussadmittanzen kommt die Konfiguration A (Gl. 4.6) zum Einsatz. In Abbildung 4.8 (rechts) ist das Matrixelement $Z_{\text{ein},11}$ exemplarisch aufgetragen, um den Unterschied zwischen der approximativen und der exakten Berechnung darzustellen.

4.4. Beispielrechnung für eine abschnittsweise Störfestigkeitsanalyse

In diesem Abschnitt soll die oben vorgestellte topologische Zerlegung an einem Beispiel angewendet werden. Dafür wird einer der Mehrleiterkabelpfade eines im Rahmen

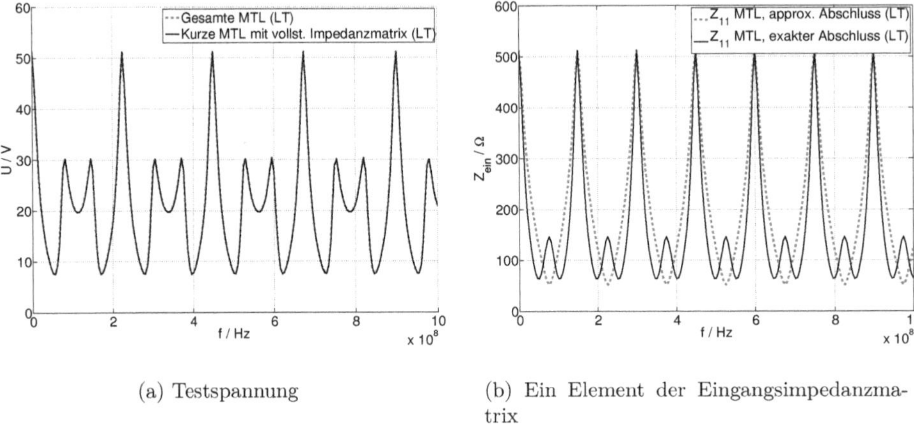

(a) Testspannung

(b) Ein Element der Eingangsimpedanzmatrix

Abbildung 4.8.: Errechnete Testspannungen (a) unter Verwendung der Eingangsimpedanzmatrix für Mehrleitersysteme (b) Vergleich der approximativen und der exakten Berechnung

dieser Arbeit erstellten generischen Schiffsmodells [30] genutzt. Für die Berechnung soll angenommen werden, dass ein Teil des Kabels unter Deck durch ein zylindrisches metallisches Verlegerohr geschützt ist (Abbildung 4.9). Infolgedessen erfolgt die Berechnung der Störeinkopplung für die offenliegenden Kabelabschnitte feldtheoretisch (Momentenmethode), während die abschließende Berechnung des Störstroms $\boldsymbol{I}_3$ am Ende des Rohres (am Bug, blauer Punkt in Abbildung 4.9(a)) leitungstheoretisch auf Basis von $\boldsymbol{I}_2$ erfolgt:

$$\boldsymbol{I}_3 = -\boldsymbol{Y}_\text{c} \cdot \sinh(\gamma \cdot l) \cdot (\boldsymbol{Z}_\text{ein} \cdot \boldsymbol{I}_2) + \cosh(\gamma \cdot l) \cdot \boldsymbol{I}_2 \ . \tag{4.18}$$

Abbildung 4.10 zeigt die Ergebnisse. Es sind die induzierten Ströme für eine der Adern an Port 1-2-1 für die vollständig feldtheoretisch berechnete Lösung ("Gesamter Kabelbaum") und für die hybride Variante ("Kurzer Kabelbaum") dargestellt. Bezüglich der Genauigkeit der Abschätzung ist anzumerken, dass bei dieser Berechnung der zylindrische Kabelschirm vergleichsweise grob vergittert wurde (s. Abbildung 4.9(b)) und sich so zwangsläufig Abweichungen gegenüber der diesbezüglich idealen leitungstheoretischen Berechnung ergeben.

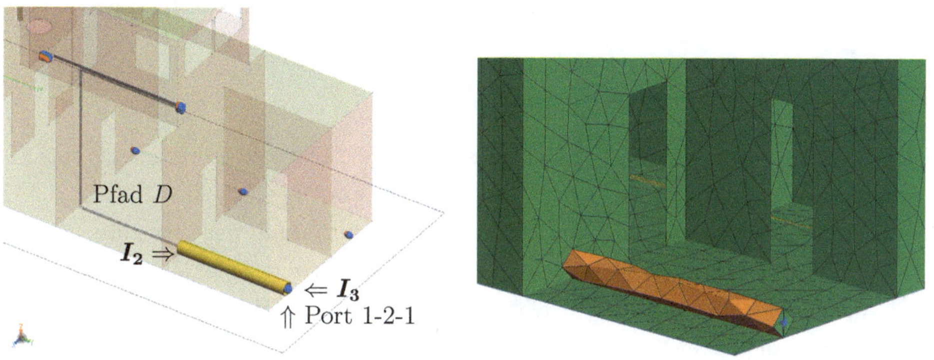

(a) Modell des Kabelschirms auf einem Teilabschnitt des Kabelpfades D

(b) Diskretisierter Kabelschirm (hier: Diskretisierung bis zu 1 GHz)

Abbildung 4.9.: Modell des generischen Schiffskörpers mit eingefügtem Kabelschirm

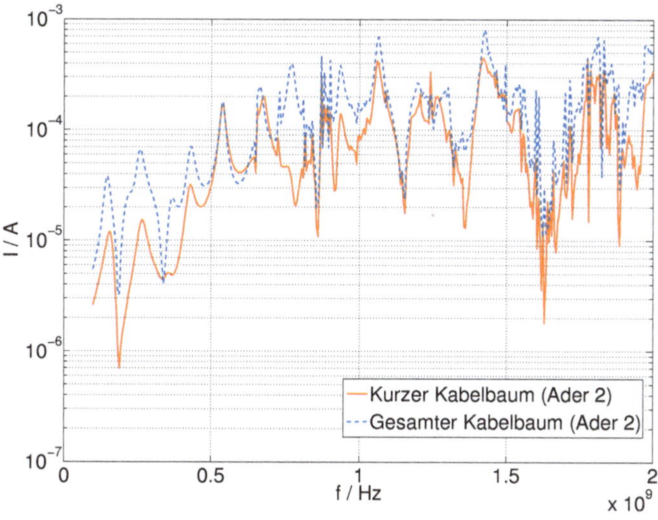

Abbildung 4.10.: Vergleich der Störströme für den originallangen und den verkürzten Kabelbaum

4.5. Bedeutung des Strahlungswiderstands für die Eingangsimpedanz

Bei einigen Konfigurationen der Leitungsgeometrie führt die Berechnung der Eingangsimpedanz mit Mitteln der Leitungstheorie auf Grundlage von Gl. 4.15 bzw. von Gl. 4.1 zu Ergebnissen, die deutlich von Referenzberechnungen mit der Momentenmethode abweichen. In Abbildung 4.11 ist ein solches Beispiel für ein 1+1-Leitersystem dargestellt. In diesem Beispiel betragen der Abstand zwischen Referenzmasse und Leitung 3 cm, der Leitungsradius 0,2 mm und die Leitungslänge 88,8 cm.

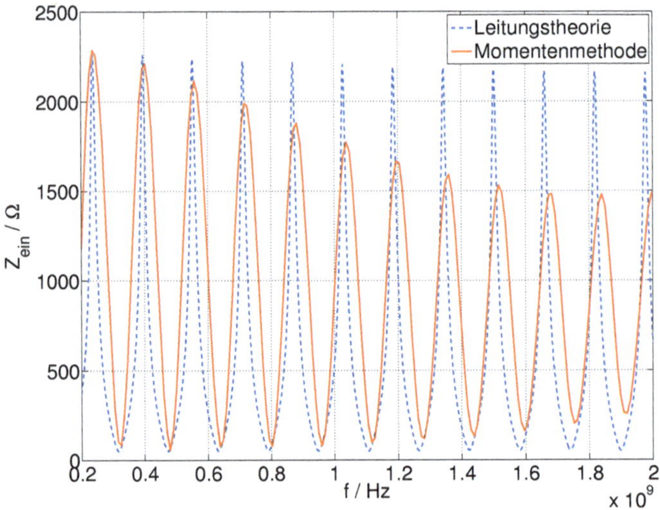

Abbildung 4.11.: Berechnung der Eingangsimpedanz einer Testleitung auf Basis der klassischen Leitungstheorie bzw. der Momentenmethode

Die klassische Leitungstheorie vernachlässigt einige frequenzabhängige Effekte, die in dieser Konfiguration besonders deutlich werden. An Effekten sind grundsätzlich zu nennen:

- Skineffekt,
- Proximity-Effekt und
- Strahlungsverluste.

Die Behandlung dieser Einflüsse in der Leitungstheorie soll im Folgenden erläutert werden.

Der Skineffekt wird im Leitungsmodell durch frequenzabhängige Leitungsparameter berücksichtigt:

$$R' = R'(f) \ , \tag{4.19}$$

$$L' = L'_{\text{ä}} + L'_{\text{i}}(f) \ , \tag{4.20}$$

mit $L'_{\text{ä}}$, L'_{i}: Belege der Äußeren bzw. Inneren Induktivität.

Die exakte Berechnung des Widerstandsbelags R' und der inneren Induktivität $L'_{\text{i}}(f)$ führt zu komplizierten Ausdrücken unter Einbeziehung von Besselfunktionen. Eine übersichtlichere Darstellung ist durch die nachfolgenden Approximationen gegeben [3]:

$$\left.\begin{aligned} R' &= \frac{1}{\sigma \cdot \pi \cdot r^2} \\ L'_{\text{i}} &= \frac{\mu_0}{8 \cdot \pi} \, \frac{\text{H}}{\text{m}} \end{aligned}\right\} \text{für } r < 2 \cdot \delta \ , \tag{4.21}$$

$$\left.\begin{aligned} R' &= \frac{1}{2 \cdot \pi \cdot r \cdot \sigma \cdot \delta} \\ L'_{\text{i}} &= \frac{1}{4 \cdot \pi \cdot r} \cdot \sqrt{\frac{\mu}{\pi \cdot \sigma}} \cdot \frac{1}{\sqrt{f}} \end{aligned}\right\} \text{für } r \geq 2 \cdot \delta \ . \tag{4.22}$$

Der Proximityeffekt ist in dem der Abbildung 4.11 zugrunde liegenden Testaufbau aufgrund des großen Abstands d zwischen Hin- und Rückleiter und den kleinen Drahtradien r zu vernachlässigen ($\frac{d}{r} > 15$). Generell wird auf die Berücksichtigung des Proximity-Effekts oft verzichtet, da die Berechnung vergleichsweise aufwendig ist und nur zu verhältnismäßig kleinen Modifikationen der Leitungsparameter führt. Bei einem Verhältnis $\frac{d}{r} = 4$, was einer hohen Packungsdichte entspricht, führt die Berücksichtigung des Proximity-Effekt auf einen um 15% höheren Wert für R' [3].

Im Folgenden sollen die Strahlungsverluste einer Leitung als dritter Effekt betrachtet werden. In der Antennentheorie wird die von einer Antenne abgestrahlte Leistung definiert als [31]:

$$P_S = R_S \cdot |I(z = z_0)|^2 , \tag{4.23}$$

mit z_0: Speisepunkt. Der Strahlungswiderstand R_S stellt eine äquivalente Verlustgröße für die abgestrahlte Leistung dar.

Bereits 1951 führte STORER [32] eine analoge Definition für Zweidrahtleitungen ein, die ebenfalls auf der Verwendung des Stroms am Speisepunkt z_0 beruhte. In [4] wird eine modifizierte Variante verwendet:

$$P_S = R'_S \cdot l \cdot |\overline{I}|^2 , \tag{4.24}$$

mit R'_S: Strahlungswiderstandsbelag.

In diesem Ansatz wird anstatt des Stroms an einer bestimmten Stelle z_0 das Mittel des Leitungsstroms über die Leitungslänge l verwendet:

$$|\overline{I}| = \frac{1}{l} \cdot \int_l |I(z)| \, \mathrm{d}z . \tag{4.25}$$

Das Ersatzschaltbild eines Leitungssegments in der Leitungstheorie kann dann gemäß Abbildung 4.12 modifiziert werden:

$$R' = R'_\Omega + R'_S , \tag{4.26}$$

mit R'_Ω: ohmscher Widerstandsbelag.

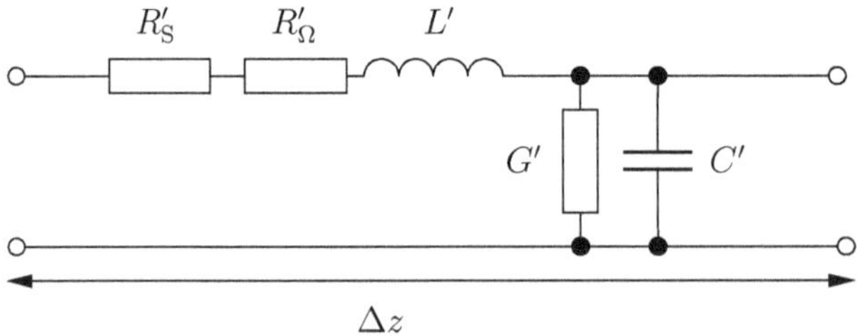

Abbildung 4.12.: Modifiziertes Ersatzschaltbild unter Berücksichtigung eines äquivalenten Strahlungswiderstandes

Abweichend von [4] wird der Strahlungswiderstand R'_S in dieser Arbeit nun wie folgt berechnet: Die Gegentakt-Stromverteilung über die Leitung kann mit Mitteln der Leitungstheorie beschrieben werden als [6]:

$$I(z) = \frac{e^{-\gamma z} - \Gamma_2 \cdot e^{\gamma(z-2l)}}{2 \cdot Z_c(1 - \Gamma_1\Gamma_2 e^{-2\gamma l})} \cdot \left[(e^{\gamma z_s} - \Gamma_1 e^{-\gamma z_s}) \cdot U_0 + (e^{\gamma z_s} + \Gamma_1 e^{-\gamma z_s}) \cdot Z_c I_0\right] , \quad (4.27)$$

mit z_s: Ort der Anregung mit den Quellen U_0 und I_0.

Daraus kann die mit $I(z)$ verknüpfte elektrische Komponente des Fernfeldes im Abstand r in Anlehnung an [31] berechnet werden als:

$$E_1 = \boldsymbol{E}_1 \cdot \mathbf{e}_\theta = j\omega\mu_0 \cdot e^{-jk_0 r} \cdot \frac{\sin(\theta)}{4\pi r} \cdot \int_0^l \sqrt{2} \cdot I \cdot e^{j \cdot k_0 \cdot (z-l/2) \cdot \cos(\theta)} \, dz , \quad (4.28)$$

mit der Kreiswellenzahl des Freiraums $k_0 = \frac{w}{c}$ und den Bezeichnungen aus Abbildung 4.13. Im Rückgriff auf Abschnitt 2.1 gilt, dass es sich bei E_1 nur um die Feldkomponente handelt, die aus dem in der Leitungstheorie betrachteten Gegentaktmode resultiert. Da hier jedoch nicht das vollständige Feld in der Leitungsumgebung bestimmt werden soll, sondern nur die Strahlungsverluste des Gegentakts gesucht werden, ist dies jedoch völlig ausreichend.

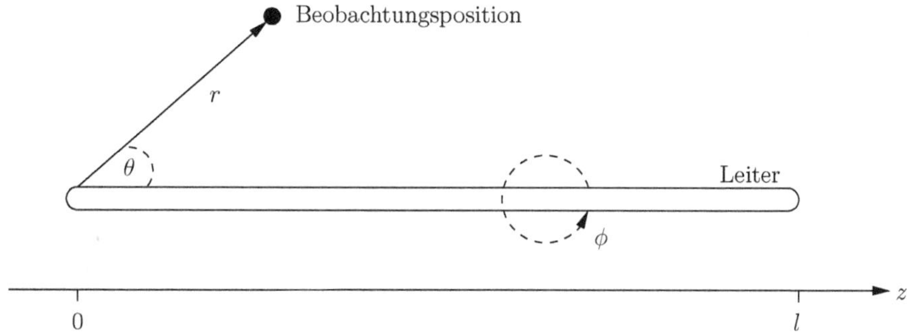

Abbildung 4.13.: Nomenklatur bei der Berechnung des vom Leitungsstrom abgestrahlten E-Felds

Bei einer horizontal über einer leitenden Masseebene aufgespannten Leitung muss der Einfluss der Spiegelleitung phasengerecht hinzuaddiert werden:

$$E = \boldsymbol{E} \cdot \mathbf{e}_\theta = E_1 + E_1 \cdot e^{j(\pi + k_0 2h \cdot \sin(\theta) \cdot \sin(\phi))} , \quad (4.29)$$

mit h: Abstand Leitung - Masse.

Der Betrag des Poynting-Vektors folgt als [31]:

$$|S| = \frac{1}{2 \cdot Z_0} \cdot |E|^2 \,. \tag{4.30}$$

Die Integration des Poynting-Vektors (als Leistungsdichte) über die obere Hemisphäre (oberhalb der Massefläche) ergibt die abgestrahlte Leistung:

$$P_\mathrm{S} = \mathrm{Re}\left\{\iint_A \boldsymbol{S}\ \mathrm{d}\boldsymbol{A}\right\} = \int_\phi \int_\theta |S| r^2 \sin(\theta)\ \mathrm{d}\theta\ \mathrm{d}\phi \,. \tag{4.31}$$

Gemäß Gl. 4.24 ergibt sich dann der Strahlungswiderstandsbelag zu

$$R'_\mathrm{S} = \frac{P_\mathrm{S}}{l \cdot |\overline{I}|^2} \,. \tag{4.32}$$

Das Lösen des Doppelintegrals in Gl. 4.31 mit Matlab erweist sich als eine sehr zeitaufwendige Aufgabe. Einen schnelleren Weg zur Lösung des Doppelintegrals für P_S ermöglicht die approximative Berechnung durch eine unendliche Summe, die schon nach wenigen Gliedern hinreichend konvergiert. Das Ergebnis des in [33, 34] entwickelte Berechnungswegs soll nachfolgend zwecks Anwendung wiedergegeben werden. Für die Details der Herleitung sei auf die Literatur verwiesen.

Unter der Annahme eines elektrisch langen Leiters gilt:

$$P_\mathrm{S} \cong \frac{|I_0^+|^2 \cdot Z_0}{8 A_0 \pi^2} \sum_{n=K+1}^{\infty} a_{n-K} \cdot [A_1 \cdot S_{2n-1} + A_2 \cdot S_{2n+1}] \,, \tag{4.33}$$

mit I_0^+: Hinlaufender Mode an der Speisestelle $z = 0$:

$$I(z) = I_0^+ \left(\mathrm{e}^{-\gamma z} - \Gamma(l) \cdot \mathrm{e}^{-2\gamma l} \cdot \mathrm{e}^{+\gamma z}\right) \,. \tag{4.34}$$

Außerdem gilt:

$$a_n = b_n + c_n \,, \tag{4.35}$$

$$b_n = -\left(\frac{k_0 h}{n}\right)^2 \cdot b_{n-1} \,, \tag{4.36}$$

$$c_n = \left(\frac{k_0 \delta}{2n}\right)^2 \cdot c_{n-1} \,, \tag{4.37}$$

mit $b_0 = -\frac{\pi}{2}$ und $c_0 = \frac{\pi}{2}$. Des Weiteren ist:

$$S_n = \int_0^{\pi} (\sin(\theta))^n \; d\theta \; , \tag{4.38}$$

$$A_0 = 1 \; , \tag{4.39}$$

$$A_1 = (1 + |\xi|^2) \cdot (1 + \chi^2)\sigma - 4\chi^2 \tau \kappa_c \cdot (1 - |\xi|^2) \; , \tag{4.40}$$

$$A_2 = 4\chi^2 \tau \kappa_c - \sigma(1 + \chi^2) \; , \tag{4.41}$$

mit:

$$\xi = \frac{\gamma}{\mathrm{j} \cdot k_0} \; , \tag{4.42}$$

$$\chi = 1 \; , \tag{4.43}$$

$$\sigma = 1 + |\Gamma_\mathrm{L}|^2 \; , \tag{4.44}$$

$$\tau = \mathrm{Re}\{\Gamma_\mathrm{L} \mathrm{e}^{-\mathrm{j} \cdot k_0 \cdot \Re\{\xi\} \cdot l}\} \; , \tag{4.45}$$

$$\kappa_c = \cos(k_0 \cdot \mathrm{Re}\{\xi\} \cdot l) \; . \tag{4.46}$$

Die Berechnung der abgestrahlten Leistung kann also sowohl über den integralen (Gl. 4.31) als auch über den approximativen (Gl. 4.33) Weg erfolgen. Während die Ausführung der Rechenoperationen des approximativen Weges nur wenige Sekunden dauert, kann die Integration nach Gl. 4.31 für den gesamten betrachteten Frequenzbereich Stunden dauern.

Die Berechnung des Strahlungswiderstands nach Gl. 4.32 basiert gemäß Gl. 4.27 auf einem Leitungswellenwiderstand Z_c, der aus einem Widerstandsbelag R' ohne Berücksichtigung des Strahlungsanteils berechnet wurde, da er a priori nicht bekannt war. Für ein genaues Ergebnis ist es notwendig, die gesamte Berechnungsabfolge, startend bei Gl. 4.27, so lange rekursiv zu wiederholen, bis eine definierte Toleranzgrenze erreicht wird. Diese Rekursion konvergiert recht schnell.

In den nachfolgenden Abbildungen werden die Ergebnisse der beiden oben hergeleiteten Rechenwege demonstriert. In Abbildung 4.14 wird die gesamte abgestrahlte Leistung für beide Rechenwege dargestellt. Für die Summenapproximation wurde auf die Rekursion verzichtet. Abbildung 4.15 stellt den daraus abgeleiteten Strahlungswiderstand dar.

Berücksichtigt man nun den Strahlungswiderstandsbelag R'_S bei der Berechnung des

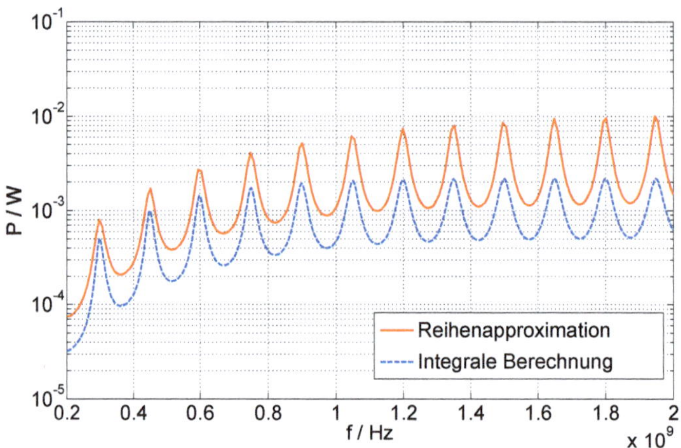

Abbildung 4.14.: Gesamte abgestrahlte Leistung einer elektrisch langen Leitung über Masse

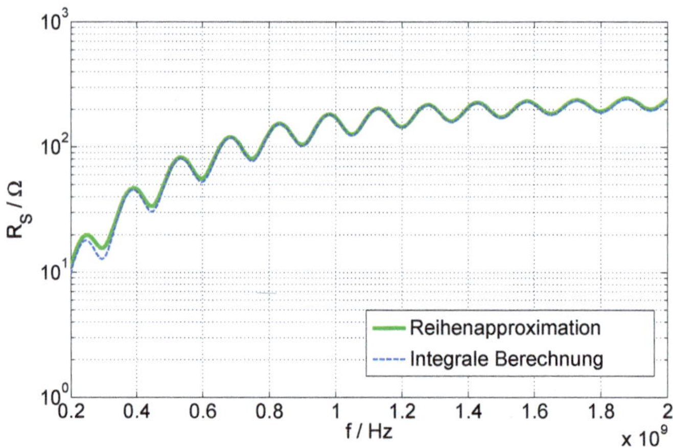

Abbildung 4.15.: Strahlungswiderstand einer elektrisch langen Leitung über Masse (Approximation mit 10 Summentermen)

Leitungsparameters R' gemäß Gl. 4.26, ergibt sich die eingangs geforderte Frequenzabhängigkeit. Für das zu Beginn genannte Beispiel (Abbildung 4.11) ist in Abbildung 4.16 der Eingangswiderstand leitungstheoretisch unter Berücksichtigung von R_S berechnet. Es zeigt sich, dass bei Berücksichtigung des Strahlungswiderstands im leitungstheoretischen Modell die Ergebnisse der momententheoretischen Referenz in guter Näherung erreicht werden.

Die Berechnung wurde in diesem Beispiel für einen elektrisch langen Leiter ausgeführt, der horizontal über einer unendlich ausgedehnten Massefläche aufgespannt ist. Bei der Betrachtung von Abstrahlungen in geschlossenen Kavitäten wären die Ausbreitungseigenschaften eines Hohlraumresonators zu berücksichtigen.

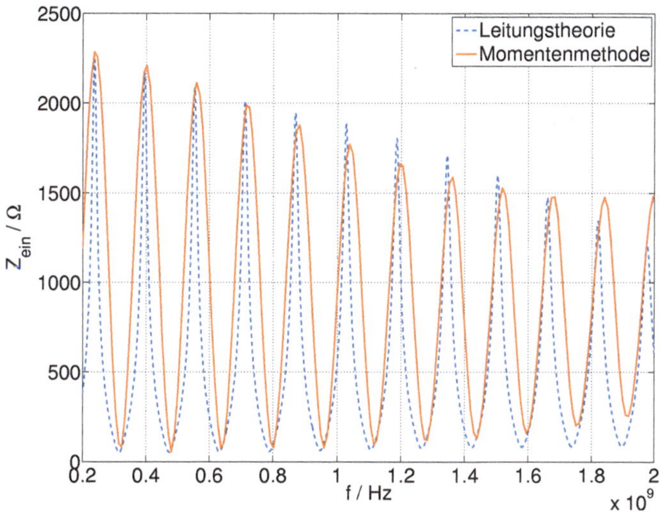

Abbildung 4.16.: Berücksichtigung des Strahlungswiderstands bei der Berechnung des Eingangswiderstands

Für das gezeigte Beispiel wurde bei der Berechnung der Abstrahlung bei beiden oben genannten Berechnungsarten der Einfluss der horizontalen und vertikalen Leitungsabschnitte gemeinsam betrachtet. Eine exakte Berechnung erfordert eine abschnittsweise Betrachtung, bei der die gesamte Leitungslänge zwischen dem Speise- und dem Lastpunkt in den ersten vertikalen Abschnitt, den horizontalen Abschnitt und den zweiten vertikalen Abschnitt unterteilt wird. Diese Abfolge von Leitungsabschnitten kann mithilfe von Kettenmatrizen bzw. der BLT-Gleichung berechnet werden. Besonderes Augenmerk muss auf die Berechnung der sekundären Leitungsparameter der Vertikalabschnitte gelegt werden.

Der Leitungswellenwiderstand Z_c der vertikalen Abschnitte kann nach [35, 36] durch

$$Z_{\text{c,vertikal}} = \sqrt{\frac{\mu_0}{\varepsilon_0}} \cdot \frac{1}{2\pi} \cdot \left[\ln \left(\frac{2h}{r} \right) - 1 \right] \tag{4.47}$$

approximiert werden. Wie auch in den genannten Arbeiten ausgeführt wird, ist $Z_{\mathrm{c,vertikal}}$ für $h \gg r$ fast identisch mit $Z_{\mathrm{c,horizontal}}$. Dies wiederum erlaubt die in den obigen Rechnungen verwendete Vereinfachung, die vertikalen Leitungsabschnitte dem horizontalen Mittelstück zuzuschlagen. Das so entstandene neue Modell besteht aus einer verlängerten horizontalen Leitung und zwei ideal leitenden, elektrisch kurzen und nicht strahlenden Verbindungsstücken zur Masse.

Die Bedeutung des Strahlungswiderstands wird in Abbildung 4.17 genauer betrachtet. Die abgestrahlte Leistung und der Strahlungswiderstand sinken erwartungsgemäß mit der Verringerung der Leitungshöhe h, also mit dem Abstand zwischen Hin- und Rückleiter. Während der Strahlungswiderstand also bei Kabelinstallationen in größeren Höhen von mehreren Zentimetern einen größeren Einfluss besitzt (wie in Abbildung 4.11), ist die Bedeutung bei Kabelinstallationen direkt über der Montageplatte (die im Rahmen dieser Arbeit gleich der Bezugsmasse ist) gering.

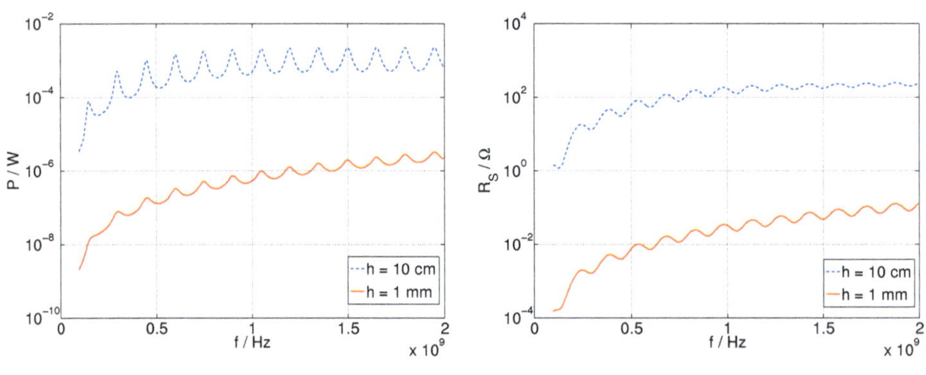

(a) Abhängigkeit der abgestrahlten Leistung von der Leitungshöhe

(b) Abhängigkeit des Strahlungswiderstands von der Leitungshöhe

Abbildung 4.17.: Abhängigkeit der Abstrahlung von der Höhe des Leiters über Masse

4.6. Der Strahlungswiderstand von Mehrleiterkabelbäumen

Eine Möglichkeit der Berechnung der Strahlungswiderstände von Mehrleitersystemen ist, den Betrag des elektrischen Felds des Gesamtkabels zu bestimmen, indem die Felder der einzelnen Leiter phasengerecht addiert werden (vgl. 4.29):

$$E_{\mathrm{MTL}} = \boldsymbol{E}_{\mathrm{MTL}} \cdot \mathbf{e}_\theta = \underbrace{E_1 + E_1 \cdot \mathrm{e}^{\mathrm{j}(\pi + k_0 2h \cdot \sin(\theta)\sin(\phi))}}_{\text{Leiter 1}} + \underbrace{E_2 \cdot \mathrm{e}^{(\dots)} + E_2 \cdot \mathrm{e}^{(\dots)}}_{\text{Leiter 2}} + \dots\,, \tag{4.48}$$

mit der Wellenzahl k_0.

Liegen die Adern so dicht beieinander, dass der Abstand elektrisch klein ist, kann alternativ approximativ auch das Konzept äquivalenter Kabelbündel (s. Abschnitt 3) verwendet werden. Hierbei wird das ursprüngliche Kabelbündel durch einen einzigen äquivalenten Leiter ersetzt (Abbildung 4.18). Für diesen neuen Leiter wird, wie erläutert, angenommen, dass seine Störfestigkeit identisch ist mit der des originalen Kabelbündels. Das Reziprozitätstheorem erfordert umgekehrt auch eine Äquivalenz bei der Störaussendung bzw. Abstrahlung. Zu beachten ist jedoch, dass bei diesem Ansatz die Summation

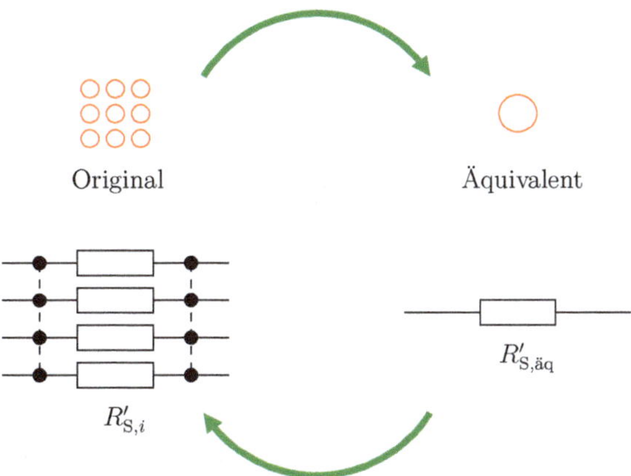

Abbildung 4.18.: Berechnung von Strahlungswiderständen von Mehrleiterkabeln über äquivalente Leitungsmodelle

der Feldanteile ohne Berücksichtigung der Phase erfolgt,

$$E_{\mathrm{MTL}} = \boldsymbol{E}_{\mathrm{MTL}} \cdot \mathbf{e}_{\theta} = E_1 + E_2 + \dots \, , \qquad (4.49)$$

was nur bei eng gepackten Kabelbündeln eine sinnvolle Annahme ist.

Aus Gl. 4.49 kann gemäß dem in Abschnitt 4.5 vorgestellten Prozedere ein äquivalenter Gesamt-Strahlungswiderstand $R'_{\mathrm{S,äq}}$ bestimmt werden. Dieser wird, unter Nutzung der bereits angenommenen Äquivalenz zwischen dem originalen Leitungsbündel und dem äquivalenten Leiter, im Sinne einer Parallelschaltung auf die einzelnen Adern des originalen Kabelbündels verteilt (Abbildung 4.18). Damit ist die abgestrahlte Leistung für den äquivalenten Leiter und das originale Kabelbündel identisch. So kann die klassische Mehrleitertheorie um Strahlungsverluste erweitert werden.

5. Vereinfachte Störfestigkeitsanalyse geschirmter Kabelbäume

Bei der Störfestigkeitsanalyse sicherheitskritischer Anlagen und Systeme nimmt die Betrachtung geschirmter Leitungen einen breiten Raum ein. Vor dem Hintergrund der schnellen Berechnung großer Strukturen muss gesondert auf diesen Kabeltyp eingegangen werden, da dessen CAD-Modellierung sehr aufwendig sein kann. In gängigen Feldsimulationsprogrammen stehen oft nur in sehr geringem Umfang spezielle Modelle für geschirmte Kabel, insbesondere Mehrleiterkabel, zur Verfügung. Der Nutzer muss deshalb in einem solchen Fall, wenn keine Methoden der Leitungstheorie genutzt werden können, selber ein passendes Modell aus einem zylindrischen Rohr und der entsprechenden Anzahl von Innenleitern erstellen. Während in einem solchen Modell die Innenleiter als Elemente mit nur einer Ausbreitungsrichtung nur einen geringen Rechenaufwand verursachen, muss ein als Rohr modellierter Kabelschirm mit dem Standard-Prozedere für allgemeine Körper diskretisiert werden. Um die Oberflächenstruktur von Kabelschirmen annähernd zu erhalten, muss das Diskretisierungsnetz sehr fein gewählt werden. Insbesondere bei geschirmten Mehrleiterkabeln kann es anderenfalls passieren, dass die Abstände der Innenleiter zum Kabelschirm nicht nur fundamental verändert werden, sondern im Extremfall sogar einzelne Innenleiter außerhalb des diskreten Modells des Schirms zu liegen kommen. Sind die Innenleiter zudem verseilt, wird auch für die Innenleiter eine sehr genaue Diskretisierung erforderlich, um der realen Geometrie folgen zu können. Geflechtschirme werden mit einem solchen Modell zudem nur unzureichend nachgebildet.

Insgesamt ist die numerische Simulation von ausgedehnten Netzwerken mit geschirmten Mehrleiterkabeln in komplexen Strukturen eine rechen- und arbeitsintensive Aufgabe. In den nachfolgenden Abschnitten sollen Verfahren diskutiert werden, mit denen die Simulation solcher Kabelnetzwerke unter Anwendung leitungstheoretischer Zusammenhänge beschleunigt werden kann. Zudem können so auch aus Messungen gewonnene Schirmparameter von Geflechtschirmen verwendet werden. Die Grundlage des Vorgehens ist dabei die Zerlegung der Störfestigkeitsanalyse in einen feldtheoretischen und einen leitungstheoretischen Teil. Für den feldtheoretischen Abschnitt wird dabei das ursprüngliche Modell des geschirmten Kabels durch ein einfacher zu berechnendes Ersatzmodell ersetzt. In der anschließenden leitungstheoretischen Rechnung werden die genauen Kabeldetails berücksichtigt.

5.1. Leitungstheoretische Beschreibung geschirmter Kabel

Das Durchdringen von elektrischen und magnetischen Feldern durch nicht-perfekte Kabelschirme beruht auf den folgenden Mechanismen [6, 37]:

1. Diffusionskopplung aufgrund nicht-idealer Leitfähigkeit des Schirmmaterials.
2. Aperturkopplung durch Schadstellen oder Lücken im Geflechtschirm.
3. Geflechtkopplung, welche daraus resultiert, dass bei Geflechtschirmen die Litzen abschnittsweise an der Außen- und an der Innenseite des Schirms liegen.

Bei einem intakten Folienschirm kommt es nur zur Diffusionskopplung, während bei Geflechtschirmen zusätzlich Apertur- und Geflechtkopplung zu finden sind.

Die Annahme einer guten Schirmwirkung ("good shielding approximation") erlaubt, den Einfluss externer elektromagnetischer Felder auf den Innenleiter als eine indirekte Einkopplung über den Schirm zu betrachten. Entsprechend können geschirmte Kabel leitungstheoretisch über ein inneres und ein äußeres System beschrieben werden, die über den Schirm verknüpft sind. Das äußere System besteht aus der Außenseite des Schirms und der äußeren Umgebung. Das innere System ist im Falle eines Koaxialleiters aus dem Innenleiter und der Innenseite des Leitungsschirms als Referenzleiter aufgebaut. Abbildung 5.1 zeigt das resultierende Leitungsmodell.

Die Feldeinkopplung in das äußere System wird mithilfe der verteilten Spannungsquellen $U'_{\mathrm{s,a}}$ und Stromquellen $I'_{\mathrm{s,a}}$ modelliert. Die Einkopplung in das innere System wird durch

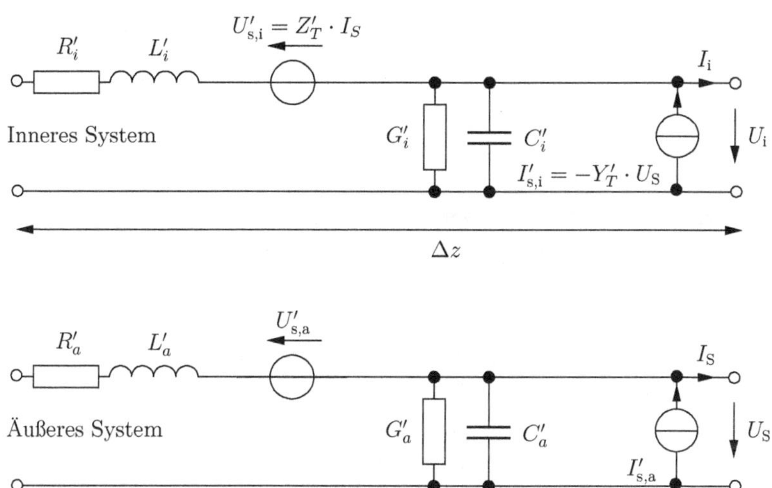

Abbildung 5.1.: Ersatzschaltbild eines geschirmten Einfachleiterkabels

die Quellen $U_{s,i}'$ und $I_{s,i}'$ nachgebildet. Die Verknüpfung der beiden Leitungssysteme und Modellierung der Einkopplung vom äußeren in das innere System erfolgt über die Transferimpedanz Z_T' bzw. über die Transferadmittanz Y_T'. Diese Größen können anhand der kurzen Leitungsabschnitte aus Abbildung 5.2 nach KADEN [38] und WOLFSPERGER [39] definiert werden als

$$Z_T' = \frac{U_i}{I_S \cdot l} , \tag{5.1}$$

$$Y_T' = -\frac{I_i}{U_S \cdot l} . \tag{5.2}$$

Diese Notation ist nur für elektrisch kurze Leitungsstücke gültig. Eine Verallgemeinerung führt auf die differenzielle Schreibweise von VANCE [36]:

$$Z_T' = \frac{1}{I_S(z)} \cdot \frac{dU_i}{dz} \; ; \; I_i = 0 , \tag{5.3}$$

$$Y_T' = -\frac{1}{U_S(z)} \cdot \frac{dI_i}{dz} \; ; \; U_i = 0 . \tag{5.4}$$

Die Transferimpedanz ist also als das Verhältnis des Spannungsabfalls dU_i entlang eines dz langen Stücks der Kabelschirminnenseite und dem anregenden Strom $I_S(z)$ auf der Schirmaußenseite definiert. Für die Transferadmittanz wird die Stromänderung dI entlang dz zur anregenden Spannung $U_S(z)$ zwischen Schirm und äußerer Referenzmasse ins Verhältnis gesetzt.

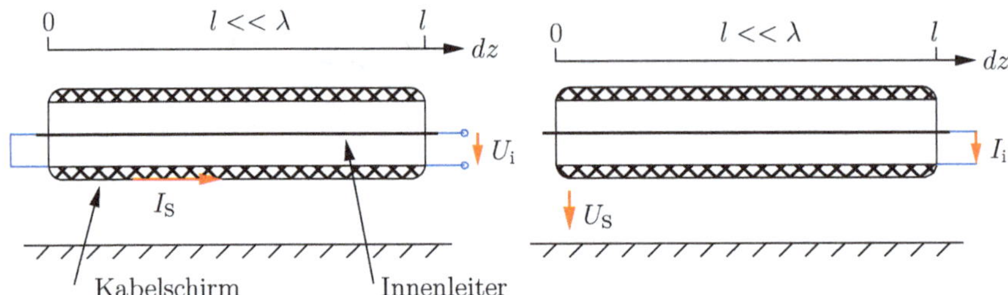

Abbildung 5.2.: Zur Definition der Transferimpedanz (links) und der der Transferadmittanz (rechts) eines Koaxialkabels

Die Transferimpedanz und -admittanz finden sich in der Definition der Quellen des inneren Systems wieder und stellen so die Verknüpfung der Systeme her (Abbildung 5.1 oben):

$$U'_{s,i} = Z'_T \cdot I_S \;, \tag{5.5}$$

$$I'_{s,i} = -Y'_T \cdot U_S \;. \tag{5.6}$$

Die Spannungsquellen des inneren Systems werden also als vom Schirmstrom I_S abhängige Größen modelliert, während die inneren Stromquellen von der Spannung U_S zwischen Schirm und äußerer Bezugsebene bestimmt werden.

Der Einfluss der Transferadmittanz ist für metallische Vollschirme (z. B. Folienschirme) gegenüber dem Einfluss der Transferimpedanz vernachlässigbar klein. Die Transferadmittanz muss jedoch bei Aperturen im Schirm berücksichtigt werden. In der Literatur sind für die Transferadmittanz von Folienschirmen kaum Angaben zu finden [6]. Bei Geflechtschirmen gewinnt die Transferadmittanz im höheren Frequenzbereich zunehmend Einfluss [6, 36, 10], da dann das äußere Feld zwischen den einzelnen Adern des Geflechtschirms ins Innere durchgreift. Bei einem hohen Bedeckungsgrad (d. h. einem sehr engen Geflecht) kann im unteren Frequenzbereich auf die Berücksichtigung der Transferadmittanz verzichtet werden. In [40] wird eine Formel hergeleitet, die die Abschätzung des Einflusses der Transferadmittanz auf die eingekoppelten Spannungen und Ströme im inneren System erlaubt.

In Abbildung 5.1 wird Rückwirkungsfreiheit vom inneren auf das äußere System angenommen. Deshalb existieren im äußeren System keine Quellen, die von Größen des inneren Systems abhängen. Die zwei Annahmen einer guten Schirmwirkung und der Rückwirkungsfreiheit vom gestörten (inneren) auf das störende (äußere) System sind von fundamentaler Bedeutung für die Lösung der zugrunde liegenden Differenzialgleichungssysteme. Können diese zwei Annahmen nicht getroffen werden, so ist beispielsweise das einfache Koaxialkabel aus Abbildung 5.1 als ein Dreileitersystem aufzufassen, das aus Innenleiter, (schlechtem) Schirm und äußerer Referenzmasse besteht. In diesem Fall sind die Spannungen und Ströme des inneren und des äußeren Systems alle direkt miteinander verkoppelt. Das analytische Lösen des daraus resultierenden Gleichungssystems ist deutlich aufwendiger, als wenn die obigen Annahmen getroffen und damit eine teilweise Entkopplung ausgenutzt werden kann (s. a. [41]).

Die Modellierung geschirmter *Mehrleiter*kabel unterscheidet sich prinzipiell nur geringfügig von der Modellierung einfacher Koaxialkabel: Bei der Erweiterung von einem auf N Innenleiter wird das innere System aus Abbildung 5.1 modifiziert. Abbildung 5.3 zeigt das Ergebnis. Die verteilten Quellen des inneren Systems ergeben sich dementsprechend als:

$$\boldsymbol{U}'_{\mathrm{s,i}} = \boldsymbol{Z}'_{\mathrm{T}} \cdot I_{\mathrm{S}} \, , \tag{5.7}$$

$$\boldsymbol{I}'_{\mathrm{s,i}} = -\boldsymbol{Y}'_{\mathrm{T}} \cdot U_{\mathrm{S}} \, . \tag{5.8}$$

5.2. Bestimmung der Koppelgrößen für Koaxialkabel

5.2.1. Analytische Berechnung

Die analytische Berechnung der Koppelgrößen aus den geometrischen Parametern der Kabel ist je nach Art des Schirms nur mit Einschränkungen möglich. Für homogene Folienschirme kann für die Transferimpedanz eine Formulierung nach KADEN [39] verwendet werden:

$$Z'_{\mathrm{T}} = \frac{k_{\mathrm{w}} \cdot w_{\mathrm{d}} \cdot R_0}{\sinh(k_{\mathrm{w}} \cdot w_{\mathrm{d}})} \, , \tag{5.9}$$

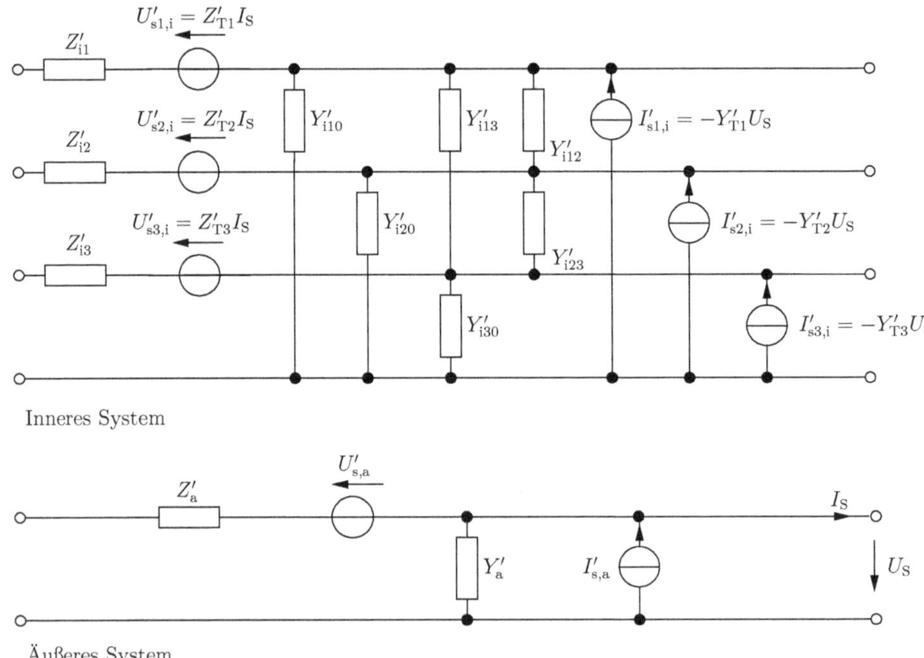

Abbildung 5.3.: Ersatzschaltbild eines geschirmten Mehrleiterkabels

Dabei sind $k_w = \frac{1+j}{\delta}$ die Wirbelstromkonstante, δ die Eindringtiefe, w_d die Wanddicke des Schirms und R_0 der Gleichstromwiderstand des Schirms.

Des Weiteren gilt für die Eindringtiefe:

$$\delta = \frac{1}{\sqrt{\pi \cdot f \cdot \mu \cdot \sigma}} \, . \tag{5.10}$$

Die Transferadmittanz Y'_T kann für homogene Folienschirme zu 0 gesetzt werden.

Enthält der Kabelschirm Aperturen oder handelt es sich um einen Geflechtschirm, wird die analytische Bestimmung der Koppelgrößen aufwendiger. Berechnungsansätze finden sich z. B. in [38, 36, 41, 42, 37].

In [43] wird ein grundlegend anderes Vorgehen vorgeschlagen. Das dort entwickelte Modell sieht vor, den Innenleiter, den Kabelschirm und den äußeren Rückleiter als ein einziges Mehrleitersystem aufzufassen. Da die Schirmadern eines Geflechtschirms den

Innenleiter periodisch umschlingen, d. h. das Mehrleitersystem über die Leitungslänge nicht gleichförmig ist, muss eine Modellierung mit der als "full wave transmission line theory (FWTLT)" [44] bezeichneten verallgemeinerten Leitungstheorie erfolgen. In [45] wird der Kabelschirm dagegen durch eine homogene Reuse, d. h. ohne Änderungen des Querschnitts über die Leitungslänge, nachgebildet. Für die Transferimpedanz der Reuse kommt hier die Formulierung nach Kaden [38] zum Einsatz. Diese gilt aufgrund enthaltener Näherungen jedoch nur bis zu einer Bedeckung des Schirmumfangs von 50 % mit Leitern.

Die analytischen Modelle für die Koppelgrößen von Geflechtschirmen können den wahren Verlauf über einen breiten Frequenzbereich nur näherungsweise wiedergeben [41, 42], sodass eine messtechnische Bestimmung der Koppelgrößen vorzuziehen ist.

5.2.2. Messtechnische Bestimmung

Ein häufig verwendetes Verfahren für die Bestimmung der Transferimpedanz ist der Triaxialansatz, von dem verschiedene Varianten bekannt sind [46]. Bei diesem Ansatz wird das Testkabel im Zentrum eines Rohrs befestigt (Abbildung 5.4). Der Kabelschirm wird an der einen Seite (hier rechts) auf das Rohr aufgelegt. Der Innenleiter wird links mit einem Widerstand Z_1 gegen den Schirm abgeschlossen, rechts wird über einen Messwiderstand die Spannung zwischen Innenleiter und Schirm bzw. Masse bestimmt. Die Anregung des Kabelschirms erfolgt an der linken Seite zwischen Schirm und Masse.

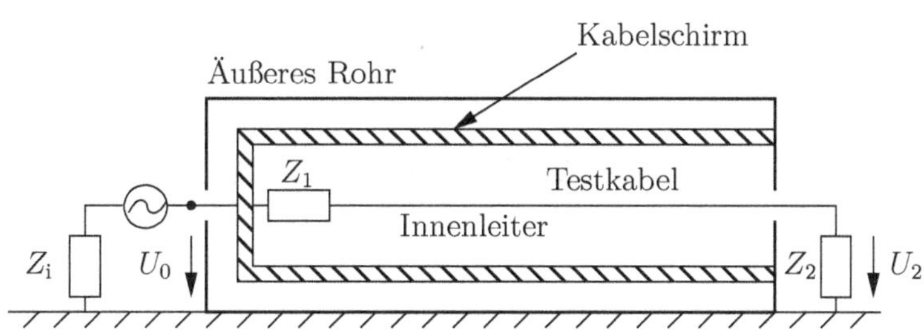

Abbildung 5.4.: Triaxialaufbau zur Messung der Transferimpedanz

Unter der Voraussetzung, dass der Durchmesser der Messeinrichtung klein gegenüber ihre Länge ist, breitet sich die Anregung in Form einer TEM-Welle entlang des Aufbaus aus. Dabei erfolgt eine Überkopplung vom äußeren in das innere System. Um die zur

Verfügung stehende Leistung optimal auszunutzen, sollte die Leitungswellenimpedanz $Z_{c,a}$ des äußeren Systems identisch sein mit der Innenimpedanz Z_i des Generators.

Für das äußere und das innere System sind die Lösungen der Leitungsdifferenzialgleichungen bekannt. Mit der Kenntnis der Verknüpfung der beiden Systeme können nun die Transferimpedanz und -admittanz bestimmt werden. Für eine genaue Herleitung wird auf den Abschnitt 5.2.4 verwiesen.

Weitere Messverfahren finden sich z. B. in [47, 48, 49, 37].

Der mechanische Aufbau für das Triaxialverfahren ist vergleichsweise aufwendig. Deshalb bietet sich die Verwendung des vereinfachten Aufbaus nach Abbildung 5.5 an [37, 50]. Dieser unterscheidet sich von Abbildung 5.4 durch das Fehlen des äußeren Rohres, welches eine symmetrische Verteilung des Schirmstroms über den Schirmquerschnitt sicherstellt. Beim vereinfachten Aufbau folgt aus der nun asymmetrischen Stromverteilung eine ungleichmäßige Störeinkopplung in das innere System. Die Konsequenzen daraus werden in folgenden Abschnitt diskutiert.

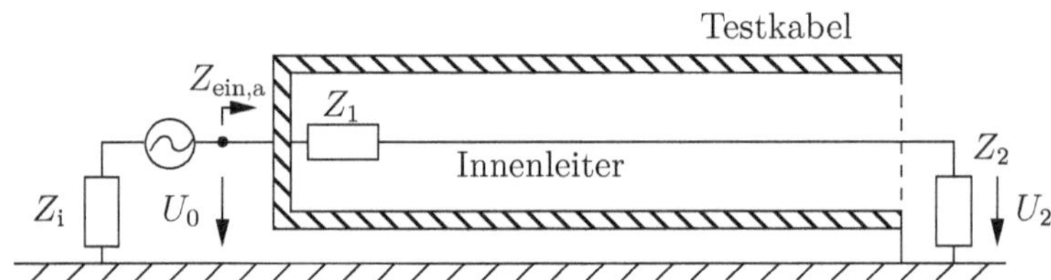

Abbildung 5.5.: Vereinfachter Aufbau zur Bestimmung der Transferimpedanz und -admittanz

5.2.3. Einfluss der Stromverteilung über den Querschnitt des Kabelschirms

In der Literatur wird Z'_T häufig als eine von der Umgebung unabhängige und Y'_T als eine von der Umgebung abhängige Größe bezeichnet [42]. Dies liegt in ihren Definitionen begründet. Während sich gemäß Gl. 5.3 die Transferimpedanz auf den Schirmstrom bezieht, geht in die Transferadmittanz gemäß Gl. 5.4 die Spannung zwischen dem Schirm und der äußeren Referenzebene ein. Das in Folge dieser Spannung entstehende elektrische Feld, das mit seinem Durchgriff durch Aperturen im Schirm ursächlich für die kapazitive

Einkopplung ist, ist vom Abstand zwischen Schirm und Referenzebene abhängig. Daraus folgt, dass sich für die Transferadmittanz in Messeinrichtungen mit unterschiedlichen Abmessungen unterschiedliche Werte ergeben.

Eine genaue Betrachtung zeigt, dass auch die wichtigere Transferimpedanz von dem Messaufbau abhängig ist, mit dem sie bestimmt wird. Der Grund für die Abhängigkeit ist eine wachsende Inhomogenität der Stromverteilung über den Schirmquerschnitt bei zunehmender Nähe zur Referenzmasse: Aufgrund des Proximity-Effekts konzentriert sich der Strom im Kabelschirm auf der Seite, die sich am nächsten zur Massefläche befindet. Dies hat zur Folge, dass sich die Störeinkopplung auf einem exzentrisch liegenden Innenleiter verändert. Bei mehreren Innenleitern ergeben sich für die Innenleiter unterschiedliche Störströme. Abbildung 5.6 demonstriert für unverseilte Adern den Einfluss des Abstands zur Masse. Bei einfachen Koaxialkabeln hat eine asymmetrische Stromverteilung nach Untersuchungen in [50, 37, 51] nur einen zu vernachlässigenden Einfluss.

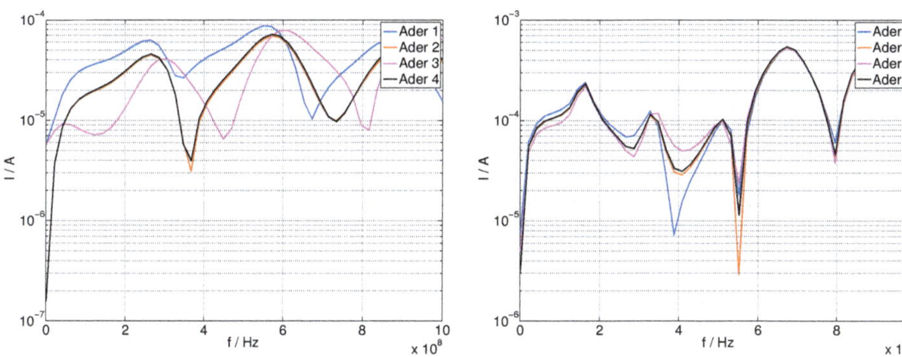

(a) Kabel mit einem Abstand von einem Kabeldurchmesser über der Referenzebene montiert

(b) Kabel in einer Höhe von 10 cm über der Referenzebene

Abbildung 5.6.: Feldinduzierte Störströme für ein geschirmtes, homogenes 4-Leiter-Kabel in unterschiedlichen Montagehöhen über der Referenzebene (Simulation, Kabelgeometrie nach Typ LiYCY 4x0,14 mm^2, Simulation ohne Verseilung und mit Vollmantelschirm)

Etwas anders sieht die Situation bei geschirmten Mehrleiterkabeln jedoch aus, wenn die Innenleiter miteinander verseilt sind. Wenn die Kabellänge deutlich größer als eine Schlaglänge ist, kann für die einzelnen Leiter eine im Mittel gleiche Störbeaufschlagung angenommen werden, selbst wenn sich in unmittelbarer Nähe des Kabels große metallische Körper befinden. Dies ergibt sich intuitiv aus der geometrischen Betrachtung, aber auch bei aus der Analyse des integralen Charakters des Quellenvektors, der die Störströme am Leitungsende verursacht (s. Gl. 5.20 in Abschnitt 5.3). In Abbildung 5.7 wird dieser Sachverhalt an Beispielen illustriert.

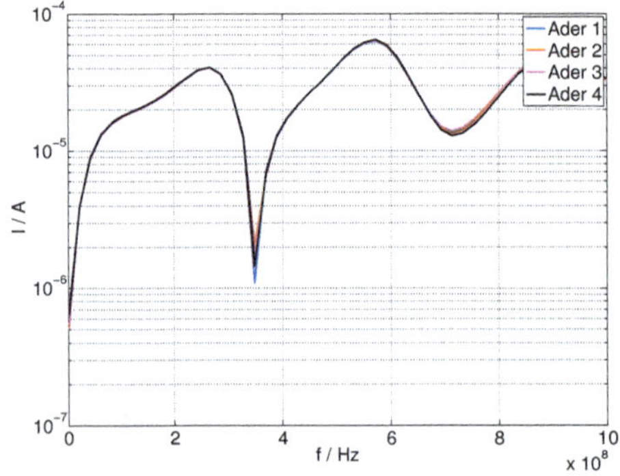

(a) Kabel mit verseilten Adern, in einem Abstand von einem Kabeldurchmesser über der Referenzebene montiert (Simulation). Vgl. Abbildung 5.6(a): Identische Kabelgeometrie mit unverseilten Adern

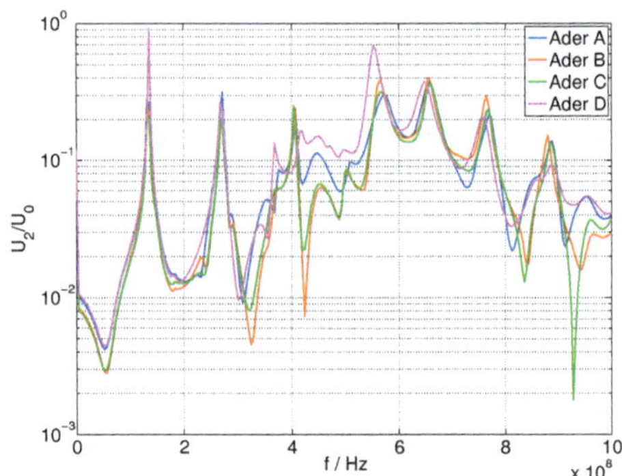

(b) Störspannung U_2 an den Innenleitern eines Testkabels, normiert auf die Anregung U_0 an einem Schirmende (Messung, Maße des Aufbaus gegenüber Bild links variiert)

Abbildung 5.7.: Eingekoppelte Störungen für ein geschirmtes, verseiltes 4-Leiter-Kabel (Typ LiYCY 4x0,14 mm^2)

Es ist zumindest bei unverseilten, exzentrisch liegenden Adern sinnvoll, die Bestimmung der Transferimpedanz und -admittanz mit einem Verfahren vorzunehmen, das die Lage des Kabels, bei dem die Koppelgrößen später angewendet werden sollen, möglichst gut nachbildet. In der Praxis liegt im Allgemeinen der Fall der symmetrischen Stromverteilung gar nicht vor - erfolgt die Kabelverlegung doch üblicherweise direkt auf bzw. in geringem Abstand über einer Massefläche. Vor diesem Hintergrund verspricht die Messung mit dem in Abbildung 5.5 dargestellten vereinfachten Aufbau gute Ergebnisse.

5.2.4. Berechnung der Koppelgrößen aus Messwerten

Für den in Abbildung 5.5 gezeigten Aufbau sollen nachfolgend die notwendigen Schritte für die Berechnung der Transferimpedanz und Transferadmittanz aus den Messgrößen aufgeführt werden.

Die Erhebung der Messdaten erfolgt mit einem 2-Port-Netzwerkanalysator. Mit Port 1 erfolgt in Abbildung 5.5 an der linken Seite zwischen Schirm und Masse die Anregung. Port 2 ist am rechten Ende zwischen Innenleiter und Schirm bzw. Masse angeschlossen. Damit sind die Werte der Impedanzen Z_i und Z_2 durch die 50 Ω-Eingangswiderstände des NWAs festgelegt. Aus den so gemessenen S-Parametern können alle für die nachfolgende Rechnung notwendigen Größen extrahiert werden.

Die Eingangsimpedanz $Z_{\text{ein,a}}$ des äußeren Systems ergibt sich gemäß Anhang C als:

$$Z_{\text{ein,a}} = Z_{11} - \frac{Z_{12} \cdot Z_{21}}{Z_{22} + Z_2} \ . \tag{5.11}$$

Das Spannungsübertragungsverhältnis $\frac{U_2}{U_0}$ wird aus der ABCD-Matrix bestimmt (s. Anhang C), die aus den S-Parametern gewonnen werden kann:

$$\frac{U_2}{U_0} = \left(A_{11} + \frac{A_{12}}{Z_2}\right)^{-1} \ . \tag{5.12}$$

Die sekundären Leitungsparameter für das innere (Z_c, γ) und das äußere ($Z_{\text{c,a}}$, γ_a) System können gemäß Anhang A aus der Geometrie bestimmt werden. Mit diesen Größen können die Spannungs- und Stromverläufe des inneren und des äußeren Systems beschrieben werden. Für den Strom im äußeren System (Schirmstrom I_S) gilt [7]:

$$I_S(z) = \frac{U_0}{Z_{\text{ein,a}}} \cdot \cosh(\gamma_a \cdot z) - \frac{U_0}{Z_{\text{c,a}}} \sinh(\gamma_a \cdot z) \ . \tag{5.13}$$

Nach einer Herleitung in [50] kann (zunächst bei Vernachlässigung der Transferadmittanz) die Störspannung U_2 als Folge der induktiven Verkopplung dargestellt werden als:

$$U_2 = \frac{\int_0^l Z'_T \cdot I_S \left(Z_1 \sinh(\gamma \cdot z) + Z_c \cosh(\gamma \cdot z)\right) \, \mathrm{d}z}{(Z_1 Z_2 + Z_c^2) \sinh(\gamma \cdot l) + Z_c (Z_1 + Z_2) \cosh(\gamma \cdot l)} \ . \tag{5.14}$$

($Z'_T \cdot I_S$) stellt dabei eine verteilte Spannungsquelle des inneren Systems dar (vgl. Abbildung 5.1). Nach Einsetzen von Gl. 5.13 in Gl. 5.14 und Ausklammern von $\frac{U_2}{U_0}$ und Z'_T

ergibt sich:

$$\frac{U_2}{U_0 \cdot Z'_\mathrm{T}} = Z_2 \cdot \frac{\int_0^l \left(\frac{1}{Z_\mathrm{ein,a}} \cosh(\gamma_\mathrm{a} \cdot z) - \frac{1}{Z_\mathrm{c,a}} \sinh(\gamma_\mathrm{a} \cdot z)\right) \cdot (Z_1 \sinh(\gamma \cdot z) + Z_\mathrm{c} \cosh(\gamma \cdot z)) \, \mathrm{d}z}{(Z_1 Z_2 + Z_\mathrm{c}^2) \sinh(\gamma \cdot l) + Z_\mathrm{c}(Z_1 + Z_2) \cosh(\gamma \cdot l)} =: F_\mathrm{L} \, . \tag{5.15}$$

Die gesuchte Transferimpedanz ist dann

$$Z'_\mathrm{T} = \frac{U_2}{U_0 \cdot F_\mathrm{L}} \, . \tag{5.16}$$

Für die Berücksichtigung der Transferadmittanz kann die nach U_2 umgeformte Gl. 5.16 um einen kapazitiven Anteil erweitert werden. Die induzierte Spannung ergibt sich dann zu [50]:

$$U_2 = U_0 \cdot (F_\mathrm{L} \cdot Z'_\mathrm{T} + G_\mathrm{L} \cdot Y'_\mathrm{T}) \, , \tag{5.17}$$

mit:

$$G_\mathrm{L} := Z_2 Z_\mathrm{c} \frac{\int_0^l \left(\cosh(\gamma_\mathrm{a} \cdot z) - \frac{Z_\mathrm{c,a}}{Z_\mathrm{ein,a}} \sinh(\gamma_\mathrm{a} \cdot z)\right) \cdot (Z_\mathrm{c} \sinh(\gamma \cdot z) + Z_1 \cosh(\gamma \cdot z)) \, \mathrm{d}z}{(Z_1 Z_2 + Z_\mathrm{c}^2) \sinh(\gamma \cdot l) + Z_\mathrm{c}(Z_1 + Z_2) \cosh(\gamma \cdot l)} \, . \tag{5.18}$$

Für die Bestimmung beider Koppelgrößen Z'_T und Y'_T müssen nun zwei Messungen (α, β) mit unterschiedlichen Werten für Z_1 durchgeführt werden. Mit den daraus bestimmten zwei Datensätzen ergibt sich:

$$\begin{pmatrix} Z'_\mathrm{T} \\ Y'_\mathrm{T} \end{pmatrix} = \begin{pmatrix} F_{\mathrm{L},\alpha} & G_{\mathrm{L},\alpha} \\ F_{\mathrm{L},\beta} & G_{\mathrm{L},\beta} \end{pmatrix}^{-1} \cdot \begin{pmatrix} \frac{U_{2,\alpha}}{U_0} \\ \frac{U_{2,\beta}}{U_0} \end{pmatrix} \, . \tag{5.19}$$

In Abbildung 5.8 sind die Verläufe der nach diesem Verfahren bestimmten Transferimpedanz und -admittanz für ein RG-58-Kabel dargestellt. In Abschnitt 5.4 finden sich die Transferparameter für weitere Kabeltypen.

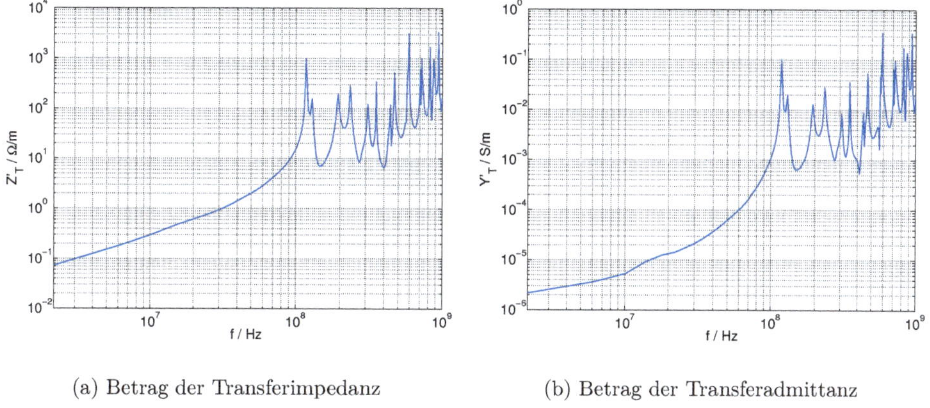

(a) Betrag der Transferimpedanz

(b) Betrag der Transferadmittanz

Abbildung 5.8.: Frequenzverlauf des Betrags der Koppelgrößen für ein Kabel vom Typ RG-58 (Berechnung auf Basis von Messwerten)

5.3. Bestimmung der Störströme mithilfe der Koppelparameter

Aus den oben berechneten und nun bekannten Koppelgrößen können die verteilten Quellen $U'_{\mathrm{s,i}} = Z'_{\mathrm{T}} \cdot I_{\mathrm{S}}$ und $I'_{\mathrm{s,i}} = -Y'_{\mathrm{T}} \cdot U_{\mathrm{S}}$ und damit der Quellenterm $\boldsymbol{S}$ der Leitungsgleichungen des inneren Systems bestimmt werden [6]:

$$\boldsymbol{S} = \begin{pmatrix} S_1 \\ S_2 \end{pmatrix} = \frac{1}{2} \int_0^l \begin{pmatrix} \mathrm{e}^{\gamma z} \cdot \left[U'_{\mathrm{s,i}}(z) + Z_c I'_{\mathrm{s,i}}(z) \right] \\ -\mathrm{e}^{(l-z)\gamma} \cdot \left[U'_{\mathrm{s,i}}(z) - Z_c I'_{\mathrm{s,i}}(z) \right] \end{pmatrix} \mathrm{d}z \; . \tag{5.20}$$

Mit diesem Ausdruck und den Leitungsgleichungen können die Ströme an den Leitungsenden der Innenleiter bestimmt werden:

$$\begin{pmatrix} I(0) \\ I(l) \end{pmatrix} = \begin{pmatrix} Z_c^{-1} & 0 \\ 0 & Z_c^{-1} \end{pmatrix} \cdot \begin{pmatrix} 1 - \Gamma_1 & 0 \\ 0 & 1 - \Gamma_2 \end{pmatrix} \cdot \boldsymbol{D}^{-1} \cdot \boldsymbol{S} \; , \tag{5.21}$$

mit:

$$\boldsymbol{D} = \begin{pmatrix} -\Gamma_1 & \mathrm{e}^{\gamma l} \\ \mathrm{e}^{\gamma l} & -\Gamma_2 \end{pmatrix} \; . \tag{5.22}$$

Werden der Schirmstrom bzw. die Schirmspannung in einer Feldsimulation an diskreten Stützstellen entlang der Leitung bestimmt, muss die Integration in Gl. 5.20 durch eine Summation ersetzt werden. Bei einer Unterteilung der Leitungslänge l in M Segmente gilt dann:

$$\boldsymbol{S} = \begin{pmatrix} S_1 \\ S_2 \end{pmatrix} = \frac{1}{2} \sum_{n=1}^{M} \begin{pmatrix} \mathrm{e}^{\gamma z_n} \cdot \left[U'_{\mathrm{s,i},n}(z_n) + Z_\mathrm{c} I'_{\mathrm{s,i},n}(z_n)\right] \\ -\mathrm{e}^{(l-z_n)\gamma} \cdot \left[U'_{\mathrm{s,i},n}(z_n) - Z_\mathrm{c} I'_{\mathrm{s,i},n}(z_n)\right] \end{pmatrix} , \tag{5.23}$$

mit:

$$z_n = \frac{l_s}{2} + l_\mathrm{s} \cdot (n-1) , \tag{5.24}$$

$$l_\mathrm{s} = \frac{l}{M} , \tag{5.25}$$

mit z_n: Koordinate in Ausbreitungsrichtung z des Schwerpunkts vom n-ten Segment der Länge l_s. $n \in \mathbb{N}^+$.

In Abbildung 5.9 ist exemplarisch die mit diesen Gleichungen berechnete Störspannung mit der zugehörigen Referenzmessung für einen Testaufbau mit einem RG-58-Kabel dargestellt. Ein weiteres Anwendungsbeispiel für ein RG-402-Kabel findet sich in Abschnitt 5.4.

5.4. Koppel- und Störverläufe weiterer Schirmkabel

Die hier abgebildeten Verläufe der Koppel- u. Störgrößen wurden nach dem Verfahren aus Abschnitt 5.2.4 bestimmt. Die für die Berechnung notwendigen Spannungen und Eingangsimpedanzen stammen für den Geflechtschirm RG-174 (Abbildung 5.10) aus Messungen. Für das Vollmantelkabel RG-402 (Abbildung 5.11(a)) wurden sie aus einer virtuellen Messung (MoM-Simulation) gewonnen. Die analytische Referenzberechnung nach KADEN wurde wie in Abschnitt 5.2.1 durchgeführt.

Mithilfe der Transferimpedanz des Kabeltyps RG-402 wurde für eine Testgeometrie der Verlauf einer induzierten Störspannung berechnet (Abbildung 5.11(b)). In diesem Diagramm wird die mithilfe der Transferimpedanz und einer vereinfachten Geometrie berechneten Störgröße mit einer Referenzsimulation verglichen. Diese bezieht sich auf die vollständige Original-Geometrie.

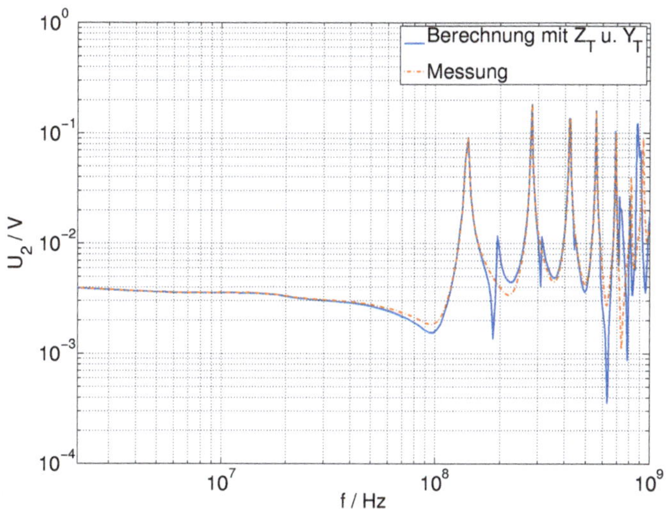

Abbildung 5.9.: Berechnete und gemessene Störspannung am Innenleiter eines RG-58-Kabels

Die CAD-Zeichnung der verwendeten Testgeometrie ist in Abbildung 5.12 abgebildet: In einem metallischen Gehäuse mit einer Grundfläche von 1 m^2 befindet sich das Koaxialkabel, dessen Schirm beidseitig an den Metallgehäusen der angeschlossenen Geräte aufgelegt ist. Der Innenleiter ist in den Gerätegehäusen über jeweils einen Eingangswiderstand gegen Masse abgeschlossen. Die Anregung des Systems erfolgt durch ein äußeres elektromagnetisches Feld.

Der Schirm des Koaxialkabels wird mit einer Leitfähigkeit $\sigma = 1 \cdot 10^6\ \frac{\mathrm{S}}{\mathrm{m}}$ und einer Dicke $d = 0{,}1$ mm angenommen. Das Dielektrikum zwischen Schirm und Innenleiter wird als PTFE mit $\varepsilon_r = 2{,}1$ und $\tan(\delta) = 0{,}002$ modelliert.

5.5. Charakterisierung geschirmter Mehrleiterkabel mit herkömmlichen Transferparametern

Nachdem in den vorigen Abschnitten die Berechnung der Transferimpedanz und -admittanz für geschirmte Leiter mit nur einem Innenleiter ausgeführt wurde, soll in

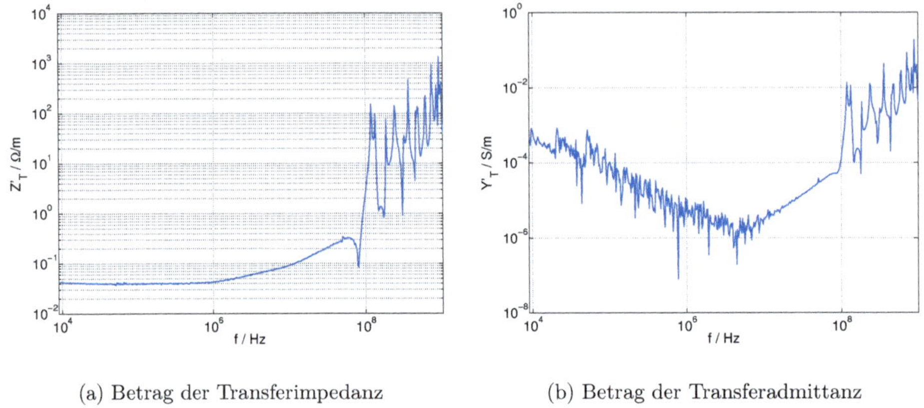

(a) Betrag der Transferimpedanz

(b) Betrag der Transferadmittanz

Abbildung 5.10.: Frequenzverlauf der Beträge der Koppelgrößen für ein Kabel vom Typ RG-174

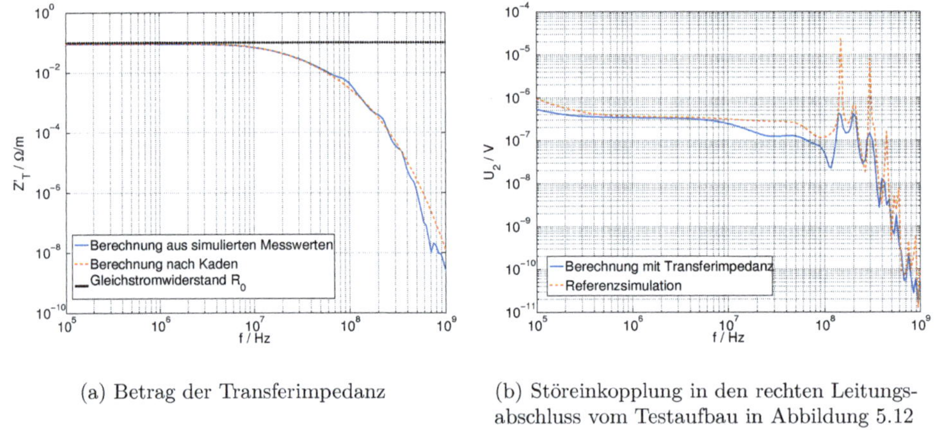

(a) Betrag der Transferimpedanz

(b) Störeinkopplung in den rechten Leitungsabschluss vom Testaufbau in Abbildung 5.12

Abbildung 5.11.: Transferimpedanz und Störeinkopplung in einem Testaufbau für den Kabeltyp RG-402

den nachfolgenden Abschnitten die Erweiterung auf den allgemeinen Fall mit N Adern erfolgen.

Für die Berechnung von Mehrleiter-Kopplungsparametern finden sich in der Literatur verschiedene Ansätze. In [45, 43] wird bei geschirmten Mehrleiterkabeln genauso vorge-

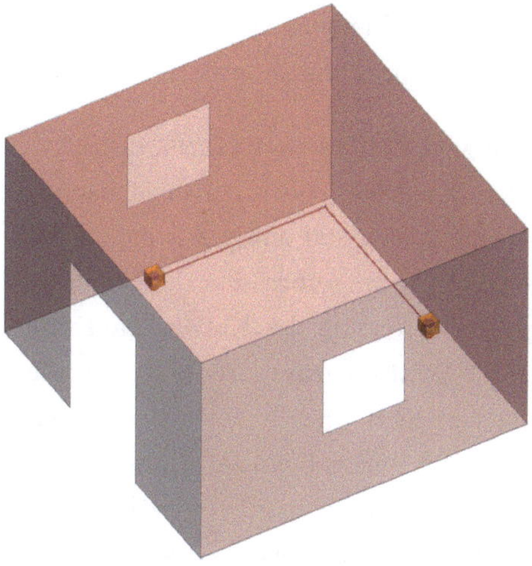

Abbildung 5.12.: Testgeometrie für die Anwendung der Transferimpedanz bei einer Störfestigkeitsanalyse. Anregung durch eine externe ebene Welle.

gangen wie dort auch bei einfachen Koaxialkabeln: Der Kabelschirm und die Innenleiter werden durch unterschiedlich realisierte Reusen mit Innenleitern nachgebildet. Dieses System aus Schirm- und Innenleitern wird leitungstheoretisch als ein Gesamtsystem aufgefasst (s. a. Abschnitt 5.2.1). Um eine Äquivalenz zwischen den physikalischen Daten (Gleichstromwiderstand, Transferimpedanz) des Originals und des Modells herzustellen, werden die geometrischen Parameter des Ersatzmodells entsprechend angepasst.

Kley [41] hält die Berücksichtigung aller Innenleiter für zu kompliziert und schlägt als Vereinfachung vor, alle Innenleiter zusammenzuschließen, um so eine allgemeine Aussage über das Koppelverhalten eines Schirmkabels zu erlangen. In anderer Literatur wird vorgeschlagen, für die einzelnen Innenleiter eigene Transfergrößen zu bestimmen, wobei jedoch bei der Betrachtung des Leiters i jeweils alle anderen $(N-1)$ Leiter ignoriert werden sollen.

Verschiedene Autoren erweitern das Triaxialverfahren (s. Abschnitt 5.2.2) auf mehrere Innenleiter [49, 46]. Dabei hat es sich bewährt, die Innenleiter im Kabelschirm mithilfe der Mehrleiter-Leitungstheorie zu charakterisieren. Der Triaxialansatz ist jedoch bereits bei nur einem Innenleiter sehr aufwendig. Dies liegt insbesondere in dem aufwendigen Aufbau begründet, der idealerweise auf den Durchmesser des jeweiligen Testkabels abgestimmt wird. Zudem müssen zwei Messungen an verschiedenen Aufbauten durchgeführt werden, um sowohl die Transferimpedanz als auch die Transferadmittanz zu bestimmen.

Das oft zitierte Verfahren von BRÜNS und GONSCHOREK [52] vereinfacht den Aufbau des Triaxialverfahrens - zunächst jedoch nur für einfache Koaxialkabel. Bei diesem Ansatz wird auf die Anregung über ein äußeres Rohr verzichtet. Stattdessen besteht der Aufbau aus einem halbkreisförmig über einer leitenden Ebene aufgespannten Testkabel (Abbildung 5.13). Die Anregung des Kabels erfolgt durch eine Quelle U_{Q}. Per MoM-Simulation werden die Schirmsegmentströme $I_{\mathrm{S},i}$ berechnet, wobei das Schirmkabel durch einen Volldraht modelliert wird. In einer Messung erfolgt die Bestimmung der Spannung am Widerstand Z_2. Die Ergebnisse aus Messung und Simulation werden auf dieselbe Anregung U_{Q} normiert. Mit einem leitungstheoretischen Ansatz für das System im Schirminneren kann nun die Verkopplung des inneren und des äußeren Systems bestimmt werden. In [10] wird dieses Verfahren später auf mehrere Innenleiter erweitert.

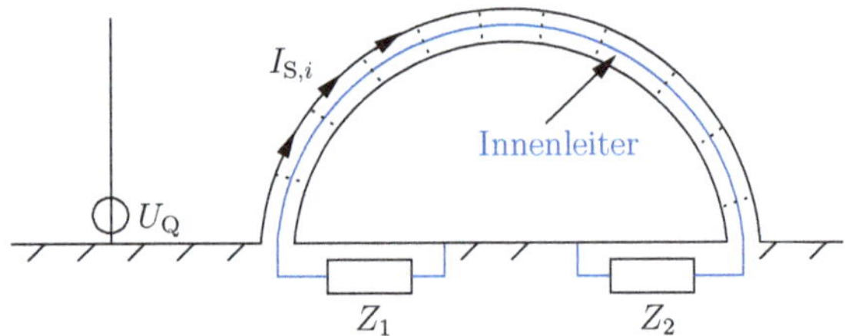

Abbildung 5.13.: Aufbau für das Verfahren nach BRÜNS und GONSCHOREK

In [50, 37] finden sich alternative Ansätze, die den Aufbau noch weiter vereinfachen. Die Halbkreisform aus Abbildung 5.13 wird durch ein parallel zur Referenzebene aufgespanntes Schirmkabel ersetzt. So entsteht der Aufbau aus Abbildung 5.14. Aufgrund des konstanten Abstands zwischen Schirm und Referenzebene entsteht ein gleichförmiges äußeres Leitungssystem, für das die Verteilung des Schirmstroms nun auch mit rein leitungstheoretischen Mitteln bestimmt werden kann. Die MoM-Simulation entfällt. Zudem ist es nun auch möglich, beide Transfergrößen mit zwei Messungen an nur einem Aufbau zu bestimmen (s. Gl. 5.19) .

Die Anwendung dieses Verfahrens auf ein geschirmtes Mehrleiterkabel erfordert die Beschreibung des inneren Systems über die Mehrader-Leitungstheorie. Wenn dieses Mehrleitergleichungssystem zur Bestimmung der Transferimpedanz- und Transferadmittanzvektoren über die Koppelgrößen mit dem anregenden äußeren Zweileitergleichungssys-

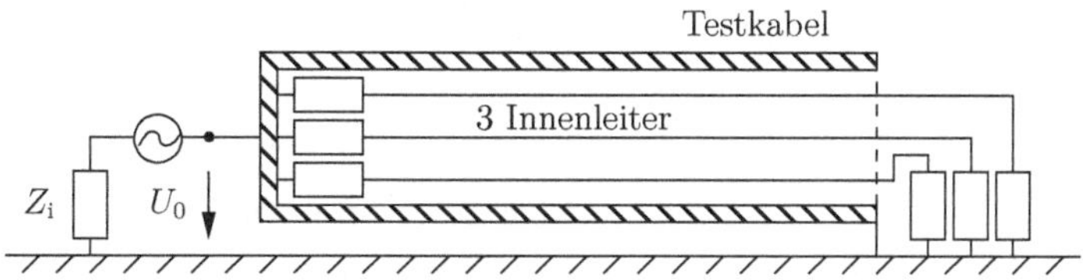

Abbildung 5.14.: Vereinfachter Aufbau zur Bestimmung der Transfergrößen für ein Mehrleiterkabel

tem verbunden wird, entstehen Ausdrücke mit erheblicher Komplexität. Für viele Anwendungsfälle ist jedoch ein erheblich einfacheres Vorgehen möglich, das in Abschnitt 5.6 vorgestellt werden soll.

5.6. Charakterisierung von MTL-Schirmkabeln mit äquivalenten Koppelgrößen

Untersuchungen von [37] haben gezeigt, dass verseilte Mehrleiter-Standardkabel ohne mechanische Schäden für die einzelnen Innenleiter sehr ähnliche Koppelgrößen besitzen. Dies gilt für die Beträge wie für die Phasen. Aus Untersuchungen eines Siebenaderkabels vom Typ NF 6001-7x0,5 mm^2 durch [46] ergibt sich des Weiteren, dass selbst der Unterschied zwischen den Transferimpedanzen der Randleiter und der Mittelleiter äußerst gering ausfällt. Bei der sehr viel weniger dominanten Transferadmittanz fällt der Unterschied dagegen tendenziell etwas größer aus. Bei starken mechanischen Belastungen (z.B. häufiges Biegen mit sehr geringem Radius) der Kabelschirme kann es jedoch zu einer Veränderung der Transferimpedanzen einzelner Innenleiter kommen [37]. Da bei der Störfestigkeitsanalyse im Allgemeinen aber nicht bekannt ist, ob und welche Kabel in welchem Maße zuvor unsachgemäß behandelt wurden, können diese Einflüsse in keinem Fall durch individuelle Transferimpedanzwerte berücksichtigt werden.

In dieser Arbeit soll die Eigenschaft der in erster Näherung gleichen Transferimpedanzen für die einzelnen Innenleiter ausgenutzt werden, um die Berechnung der Transfergrößen und die anschließende Bestimmung der Störeinkopplungen weiter zu vereinfachen. Dazu soll das geschirmte Mehrleiterkabel durch eine elektrisch äquivalente Beschreibung ersetzt werden, die nur aus einem Innenleiter und dem Schirm als Rückleiter besteht (s.

Abbildung 5.15). Dennoch werden die Innenleiter zu diesem Zweck nicht einfach kurzgeschlossen, und es sollen auch nicht alle Leiter bis auf einen vernachlässigt werden. Vielmehr wird die Beobachtung ausgenutzt, dass die auf den Innenleitern induzierten Ströme ähnliche Werte besitzen, da sie eine nahezu gleiche Feldbeaufschlagung erfahren. Auch die Spannungen an den Leitungsenden besitzen näherungsweise die gleiche Größe.

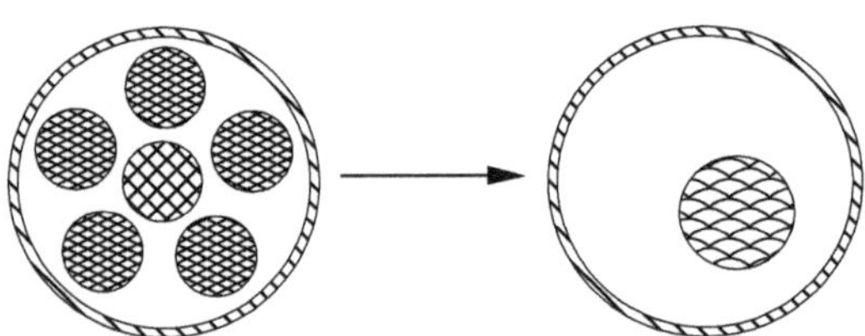

Abbildung 5.15.: Ersatz eines geschirmten Mehrleiterkabels durch ein äquivalentes Einleiterkabel

Unter Ausnutzung dieser Eigenschaften können wie in Abschnitt 3.1.1 die Differenzialgleichungen des Mehrleitersystems im Schirminneren vereinfacht werden. Mit den Annahmen

$$U_{\text{äq}} = U_1 = U_2 = \ldots = U_N \ , \tag{5.26}$$

$$I_{\text{äq}} = \sum_{n=1}^{N} I_n = N \cdot I_1 \tag{5.27}$$

ergeben sich aus den Leitungsgleichungen

$$-\frac{\mathrm{d}}{\mathrm{d}z} \begin{pmatrix} U_1 \\ U_2 \\ \ldots \\ U_N \end{pmatrix} = (\boldsymbol{R}' + \mathrm{j}\omega \boldsymbol{L}') \cdot \begin{pmatrix} I_1 \\ I_2 \\ \ldots \\ I_N \end{pmatrix} , \tag{5.28}$$

$$-\frac{\mathrm{d}}{\mathrm{d}z} \begin{pmatrix} I_1 \\ I_2 \\ \ldots \\ I_N \end{pmatrix} = (\boldsymbol{G}' + \mathrm{j}\omega \boldsymbol{C}') \cdot \begin{pmatrix} U_1 \\ U_2 \\ \ldots \\ U_N \end{pmatrix} \tag{5.29}$$

die vereinfachten Ausdrücke

$$-\frac{\mathrm{d}}{\mathrm{d}z}U_{\text{äq}} = (R'_{\text{äq}} + \mathrm{j}\omega L'_{\text{äq}}) \cdot I_{\text{äq}} \,, \tag{5.30}$$

$$-\frac{\mathrm{d}}{\mathrm{d}z}I_{\text{äq}} = (G'_{\text{äq}} + \mathrm{j}\omega C'_{\text{äq}}) \cdot U_{\text{äq}} \,. \tag{5.31}$$

$R'_{\text{äq}}$, $L'_{\text{äq}}$, $G'_{\text{äq}}$ und $C'_{\text{äq}}$ ergeben sich infolge der Zusammenfassung als:

$$R'_{\text{äq}} = \frac{\sum\limits_{i=1}^{N}\sum\limits_{j=1}^{N} R'_{ij}}{N^2} \,, \tag{5.32}$$

$$L'_{\text{äq}} = \frac{\sum\limits_{i=1}^{N}\sum\limits_{j=1}^{N} L'_{ij}}{N^2} \,, \tag{5.33}$$

$$G'_{\text{äq}} = \sum_{i=1}^{N}\sum_{j=1}^{N} G'_{ij} \,, \tag{5.34}$$

$$C'_{\text{äq}} = \sum_{i=1}^{N}\sum_{j=1}^{N} C'_{ij} \,, \tag{5.35}$$

mit ij: Indexierung der Matrixeinträge des jeweiligen Leitungsparameters.

Mit Gl. 5.30, Gl. 5.31 existiert nun eine Beschreibung eines geschirmten äquivalenten Leitungssystems mit nur einem Innenleiter. Dieses Ersatzsystem ist ausschließlich mithilfe der Leitungsparameter definiert. Die zugehörige genaue Ersatzgeometrie ist bei dieser Anwendung nicht von Interesse.

Dieses so beschriebene Ersatzkabel kann nun verwendet werden, um eine äquivalente Transferimpedanz und eine äquivalente Transferadmittanz einzuführen. Diese Größen sollen hier definiert werden als:

$$Z'_{\text{T,äq}} = \frac{U_{\text{äq}}}{I_{\text{S}} \cdot l} \,, \tag{5.36}$$

$$Y'_{\text{T,äq}} = -\frac{I_{\text{äq}}}{U_{\text{S}} \cdot l} \,. \tag{5.37}$$

Diese Definition erlaubt es, die Störeinkopplung in das innere System eines Mehrleiterkabels mithilfe von skalaren Koppelparametern zu beschreiben. Damit kann auf die bereits in Abschnitt 5.2 beschriebenen einfachen Verfahren zur Bestimmung von Koppelgrößen für Koaxialkabel zurückgegriffen werden.

Die Anwendung dieser Verfahren bei einem wie oben beschriebenen virtuellen Ersatzkabel unterscheidet sich in keiner Weise von der Anwendung auf ein "physikalisches" Kabel. Es müssen lediglich die äquivalenten Leitungsparameter ($R'_{äq}$, $L'_{äq}$, $G'_{äq}$, $C'_{äq}$), Spannungen ($U_{äq}$) und Ströme ($I_{äq}$) verwendet werden. Die dafür notwendigen Messungen zur Bestimmung von $U_{äq}$ und $I_{äq}$ können entweder am Originalkabel mit den einzelnen Innenleitern (Abbildung 5.14) oder auch mit kurzgeschlossenen Leitungsenden (entsprechend Abbildung 5.5) durchgeführt werden. Im zweiten Fall ergeben sich die Wunschgrößen direkt; im ersten Fall stellen Gl. 5.26 und Gl. 5.27 die jeweils notwendigen Zusammenhänge her.

Die Verwendung der hier eingeführten äquivalenten Koppelgrößen ist unabhängig von der Wahl des Verfahrens zur Bestimmung der skalaren Koppelparameter. Der in dieser Arbeit genutzte einfache Aufbau nach Abbildung 5.14 kann durch andere Varianten wie z.B. den Triaxial-Messaufbau ersetzt werden.

Abbildung 5.16 zeigt die nach diesem Vorgehen bestimmte äquivalente Transferimpedanz und äquivalente Transferadmittanz für ein Schirmkabel vom Typ LiYCY 4x0,14 mm^2.

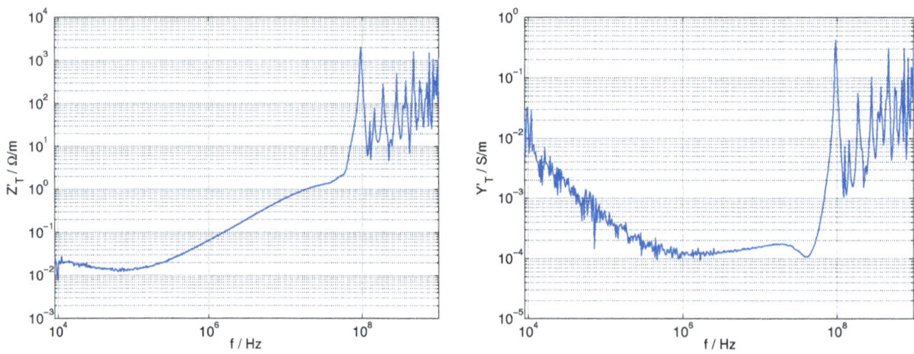

(a) Betrag der äquivalenten Transferimpedanz

(b) Betrag der äquivalenten Transferadmittanz

Abbildung 5.16.: Frequenzverläufe der Beträge der äquivalenten Koppelgrößen für ein Kabel vom Typ LiYCY 4x0,14 mm^2 (vier Innenleiter, Berechnung auf Basis von Messwerten)

Wurden auf diese Weise die skalaren äquivalenten Transfergrößen bestimmt, können diese genutzt werden, um gemäß Abschnitt 5.3 mithilfe der resultierenden verteilten

Quellen im inneren System die Störungen am Ende des äquivalenten Innenleiters zu bestimmen. Die Störungen auf dem geschirmten Original-Mehrleiterkabel können anschließend mithilfe der eingangs gemachten Annahmen (Gl. 5.26, Gl. 5.27) bestimmt werden.

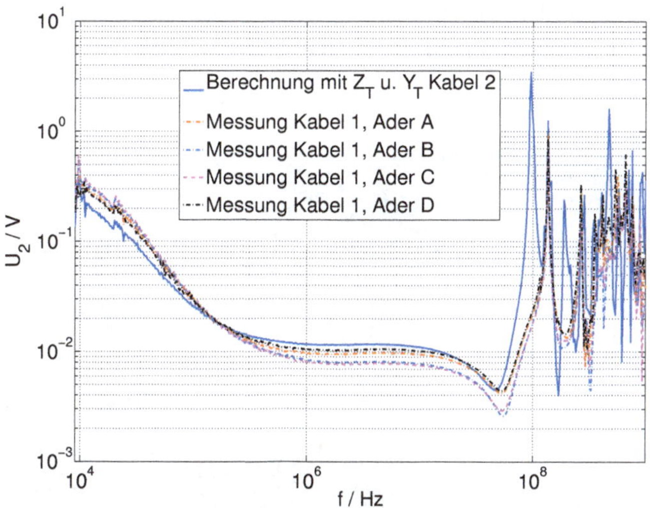

Abbildung 5.17.: Berechnete und gemessene Störspannung an einem Innenleiter des LiYCY 4x0,14 mm^2-Kabels

In Abbildung 5.17 wird auf diese Weise für den Testaufbau "Kabel 1" die äquivalente Innenleiter-Störspannung für ein LiYCY 4x0,14 mm^2-Kabel berechnet und mit einer Messung verglichen. Die äquivalente Störspannung entspricht gemäß Gl. 5.26 den originalen Störspannungen. Die für die Berechnung der äquivalenten Störgröße verwendeten Transferparameter waren zuvor an einem anderen Leitungsstück vom gleichen Typ bestimmt worden ("Kabel 2"). Dies soll der Nachbildung der messtechnischen Praxis dienen.

Die Abbildung zeigt eine gute Übereinstimmung zwischen der Berechnung der Störung mithilfe der äquivalenten Koppelgrößen und den aus Messungen gewonnenen Werten. Die verbleibenden Abweichungen können zum Teil den nicht bekannten unterschiedlich starken mechanischen Belastungen zugeschrieben werden, die das Kabelstück 2 zur Bestimmung der Transfergrößen und das für die Berechnung der Teststörung verwendete Kabelstück 1 erfahren haben. Wird für beide Rechenabschnitte dasselbe Kabelstück verwendet, kann eine entsprechend bessere Übereinstimmung beobachtet werden.

Zudem wurde bei der Bestimmung der Transfergrößen mit dem Aufbau nach Abbildung 5.14 und Abbildung 5.18 bewusst eine einfache Anordnung gewählt. Es wurde beispielsweise auch auf eine Kompensation der Leitungsaufweitung an den Leitungsenden zum Anschluss der Abschlusswiderstände verzichtet, wie dies in [46] praktiziert wird. Die Leitungsparameter wurden auf Basis der geometrischen Abmessungen bestimmt. Hier auftretende Abweichungen könnten durch eine messtechnische Bestimmung (s. Anhang A) korrigiert werden.

Abbildung 5.18.: Foto der Abschlusswiderstände am Aufbau zur Bestimmung der äquivalenten Transfergrößen vom Kabeltyp LiYCY 4x0,14 mm^2

Trotz aller Optimierungsansätze muss bei der Bestimmung der Koppelparameter dennoch stets von fehlerbehafteten Ergebnissen ausgegangen werden: Wolfsperger [39] konstatiert, dass in der Literatur zwar eine große Anzahl von Messverfahren zur Charakterisierung elektromagnetischer Schirme existiert, sie jedoch alle die Gemeinsamkeit vereint, eine hohe Messunsicherheit zu besitzen. Trotz normgerechter Aufbauten könnten leicht Abweichungen von 20 dB erreicht werden.

Das hier vorgeschlagene Verfahren bietet bei überschaubaren Abweichungen eine erhebliche Vereinfachung bei der Bestimmung der Transferparameter geschirmter Standard-Mehrleiterkabel. Auch die anschließende Anwendung auf die zu analysierenden Kabelbäume besitzt eine reduzierte Komplexität, da anstatt des Mehrleitersystems im Schirminneren nur ein einfaches äquivalentes Zweileitersystem betrachtet werden muss. In Abbildung 5.19 wird das gesamte Vorgehen noch einmal zusammengefasst.

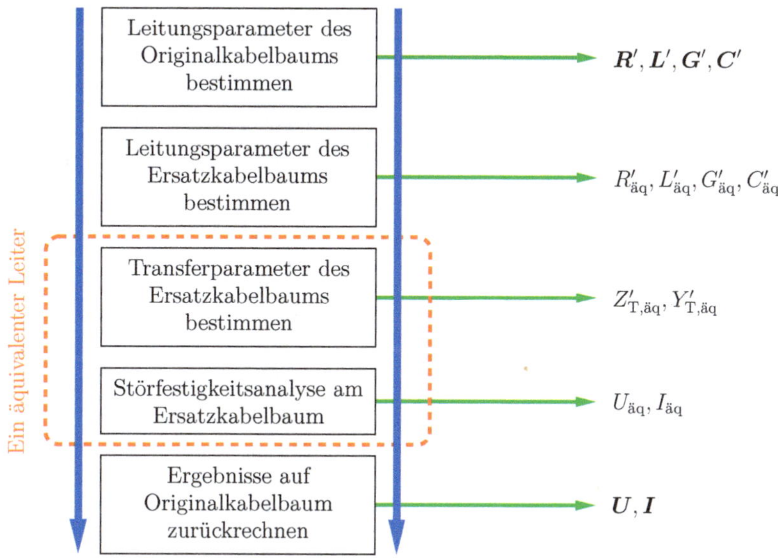

Abbildung 5.19.: Übersicht über das Vorgehen zur Verwendung der äquivalenten Transfergrößen

5.7. Umrechnung der äquivalenten Koppelparameter in die herkömmlichen Transfergrößen

Die oben hergeleiteten äquivalenten Transferparameter können zusammen mit der äquivalenten Zweileiternotation für das innere System für eine einfache Bestimmung der Störgrößen auf den Innenleitern verwendet werden. Es besteht jedoch auch die Möglichkeit, die äquivalenten Transfergrößen in die herkömmliche Darstellung umzurechnen, um eine evtl. bereits implementierte Mehrleiterbeschreibung für das Innensystem zu verwenden. Der Zusammenhang kann aus den Definitionen der Transfergrößen hergeleitet werden: Für die herkömmliche Transferimpedanz gilt bei Anwendung der oben getroffenen Annahme der annähernd gleichen Störeinkopplung für alle Innenleiter:

$$\boldsymbol{Z}'_{\mathrm{T}} = \begin{pmatrix} \dfrac{U_1}{I_{\mathrm{S}} \cdot l} \\ \cdots \\ \dfrac{U_N}{I_{\mathrm{S}} \cdot l} \end{pmatrix} = \frac{U_1}{I_{\mathrm{S}} \cdot l} \cdot \mathbf{1}^{N \times 1} \,. \tag{5.38}$$

Mit der Definition der äquivalenten Transferimpedanz $Z'_{\mathrm{T,äq}}$ (Gl. 5.36) und mit Gl. 5.26 kann der gesuchte Zusammenhang hergestellt werden:

$$\boldsymbol{Z}'_{\mathrm{T}} = Z'_{\mathrm{T,äq}} \cdot \mathbf{1}^{N \times 1} \,. \tag{5.39}$$

Für die herkömmliche Transferadmittanz gilt unter denselben Voraussetzungen:

$$\boldsymbol{Y}'_{\mathrm{T}} = \begin{pmatrix} -\dfrac{I_1}{U_{\mathrm{S}} \cdot l} \\ \cdots \\ -\dfrac{I_N}{U_{\mathrm{S}} \cdot l} \end{pmatrix} = -\frac{I_1}{U_{\mathrm{S}} \cdot l} \cdot \mathbf{1}^{N \times 1} \,. \tag{5.40}$$

Für die äquivalente Transferadmittanz gilt:

$$Y'_{\mathrm{T,äq}} = -\frac{I_{\mathrm{äq}}}{U_{\mathrm{S}} \cdot l} = -\frac{\sum\limits_{n=1}^{N} I_n}{U_{\mathrm{S}} \cdot l} = -N \cdot \frac{I_1}{U_{\mathrm{S}} \cdot l} \,. \tag{5.41}$$

Damit ergibt sich der zweite gesuchte Zusammenhang zu:

$$\mathbf{Y}'_{\mathrm{T}} = \frac{Y'_{\mathrm{T,äq}}}{N} \cdot \mathbf{1}^{N \times 1} . \tag{5.42}$$

5.8. Schirmersatzmodelle für die Bestimmung der Schirmströme

Um eine beschleunigte Störfestigkeitsanalyse realisieren zu können, erfolgt in dieser Arbeit die numerische Berechnung der Schirmströme an einem vereinfachten Modell des Kabelschirms. Mit der Annahme der Rückwirkungsfreiheit wird davon ausgegangen, dass die Ströme und Spannungen auf der Außenseite des Schirms (d.h. im äußeren System) in erster Näherung nicht vom inneren System beeinflusst werden. Deshalb kann z.B. ein Rohr ohne Innenleiter als Modell für die Berechnung der Störeinkopplung in einen Schirm verwendet werden. Die einzigen Gütekriterien für die verwendeten Schirmmodelle sind eine gute Approximation der originalen Schirmströme und eine einfache Struktur für eine schnelle Berechnung. Die Verwendung eines Hohlyzlinders in einer MoM-Simulation zur Abbildung eines Vollmantelschirms wäre eine zwar gute, aber dennoch viel zu aufwendige Approximation.

Geeigneter ist die Verwendung eines einfachen Drahtes mit dem gleichen Durchmesser wie der Kabelschirm. Dieser Modelltyp berücksichtigt in einer numerischen Feldsimulation eine Wellenausbreitung lediglich in Längsrichtung und ermöglicht eine schnellere Berechnung. Ein weiterer Unterschied besteht darin, dass der eigentlich hohle Schirm nun durch einen Vollmaterialdraht dargestellt wird. Einen Unterschied kann dies bei niedrigen Frequenzen in Kombination mit einem schlecht leitenden Schirmmaterial bedeuten. Für diesen Fall kann die Situation eintreten, dass die Skineindringtiefe

$$\delta = \frac{1}{\sqrt{\pi \cdot f \cdot \mu \cdot \sigma}} \tag{5.10}$$

einen Wert erhält, der größer als die Wanddicke des Originalschirms ist. In diesem Fall muss die Leitfähigkeit σ_{E} des Ersatzmodells (Volldraht) frequenzabhängig so angepasst werden, dass der Widerstand R_S des Schirms erhalten bleibt. Dieser kann als

$$R_S(f) = \begin{cases} \dfrac{l}{\sigma_S \cdot \pi \cdot (r_a^2 - (r_a - \delta_S)^2)} & \text{für } \delta_S < w_S \\ \dfrac{l}{\sigma_S \cdot \pi \cdot (r_a^2 - (r_a - w_S)^2)} & \text{für } \delta_S \geq w_S \end{cases} \tag{5.43}$$

berechnet werden mit der Leitfähigkeit des Schirms σ_S, dem Schirmaußenradius r_a und der Schirmwanddicke w_S.

Daraus ergibt sich die frequenzabhängige Leitfähigkeit des Ersatzmodells zu

$$\sigma_E(f) = \begin{cases} \dfrac{l}{R_S \cdot \pi \cdot (r_E^2 - (r_E - \delta_E)^2)} & \text{für } \delta_E < r_E \\ \dfrac{l}{R_S \cdot \pi \cdot r_E^2} & \text{für } \delta_E \geq r_E \end{cases} , \tag{5.44}$$

mit r_E: Radius des Ersatzleiters. Die Eindringtiefe δ_E und die Leitfähigkeit σ_E des Ersatzmodells bedingen sich gegenseitig (vgl. Gl. 5.10), sodass σ_E rekursiv berechnet werden muss. Das Ergebnis kann z.B. in Form einer mithilfe von Matlab generierten XML-Datei in Feko importiert werden.

Mit wachsendem Durchmesser des Kabelschirms kann als Ersatzmodell eine Reuse mit 4 parallelgeschalteten, gleichmäßig über den Schirmumfang verteilten Leitern angenommen werden. Als Radius r_E kann die halbe Schirmdicke gewählt werden. Um den Gesamtwiderstand des Schirms zu erhalten, muss in diesem Fall in Gl. 5.44 R_S durch $R_S \cdot N_r$ ersetzt werden (N_r: Anzahl der Reusenleiter).

In einem in Abbildung 5.20 veranschaulichten Beispiel wird ein Kabelschirm mit einer geringen Leitfähigkeit ($\sigma_S = 1 \cdot 10^6 \frac{\text{S}}{\text{m}}$) durch eine Reuse mit vier dünnen Ersatzleitern ersetzt. Auf Grundlage deren Geometrie ergibt sich für die Reuse eine äquivalente Leitfähigkeit $\sigma_E \approx 1{,}6 \cdot 10^8 \frac{\text{S}}{\text{m}}$. Beim Vergleich der Störströme, die in den originalen Schirm bzw. in das Reusenmodell eingekoppelt wurden, zeigt sich eine gute Übereinstimmung.

Das verwendete Reusenmodell berücksichtigt nur die Moden, die sich entlang des Schirms ausbreiten (TEM-Moden). Vor diesem Hintergrund entsteht auch kein zusätzlicher Fehler, wenn anstatt der Reuse ein einzelner TEM-Leiter mit dem großen Durchmesser des Schirms verwendet wird.

Grundsätzlich könnte auch ein dünnerer Leiter mit einer nach den obigen Regeln berech-

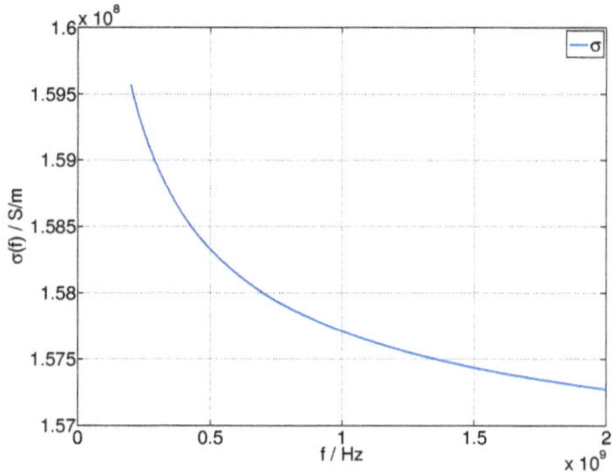

(a) Äquivalente Leitfähigkeit für die Verwendung im Ersatzmodell

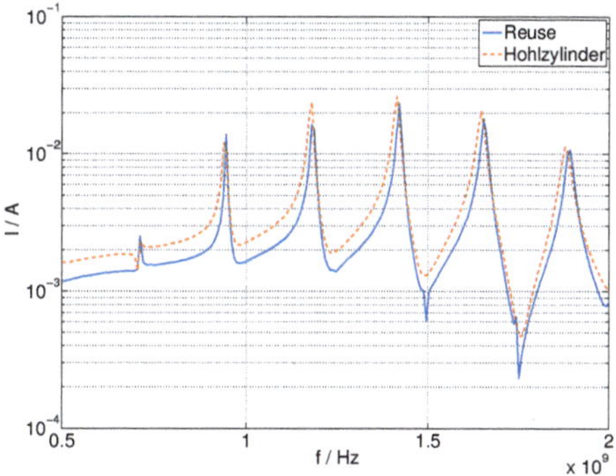

(b) Induzierte Störströme für den originalen Kabelschirm und das Reusen-Ersatzmodell (jeweils berechnet am Leitungsende der beiden Modelle)

Abbildung 5.20.: Kompensation der Leitfähigkeit bei Verwendung einer Reuse als Ersatzmodell für einen Kabelschirm mit großem Durchmesser und schlechter Leitfähigkeit

neten äquivalenten Leitfähigkeit verwendet werden. Um die primären Leitungsparameter des Aufbaus zu erhalten, müsste jedoch das Verhältnis von Höhe und Radius $\frac{h}{r}$ (s. Anhang A.1) beibehalten und damit die Höhe des Leiters reduziert werden (Position B in Abbildung 5.21(a)). Damit wird jedoch die Störeinkopplung verändert, wie bei der Berechnung der verteilten Quellen des Schirms mit Gl. 5.45 und Gl. 5.46 [6] deutlich wird (Nomenklatur s. Abbildung 5.21(b)). Dies kann korrigiert werden, indem der Ersatzleiter die Position C einnimmt, mit der der wichtige Abstand d zwischen Leiter und Masse erhalten bleibt. Auch bei der Platzierung der Leiter einer Reuse als Ersatzmodell sollte darauf geachtet werden, dass der Abstand d und damit die Störeinkopplung erhalten bleibt (Abbildung 5.22).

$$U'_{\mathrm{s,a}}(z) = \mathrm{j}\omega\mu_0 \cdot \int_0^d H_{\mathrm{inc,y}}(x)\ \mathrm{d}x\ , \tag{5.45}$$

$$I'_{\mathrm{s,a}}(z) = -\mathrm{j}\omega C' \cdot \int_0^d E_{\mathrm{inc,x}}(x)\ \mathrm{d}x\ . \tag{5.46}$$

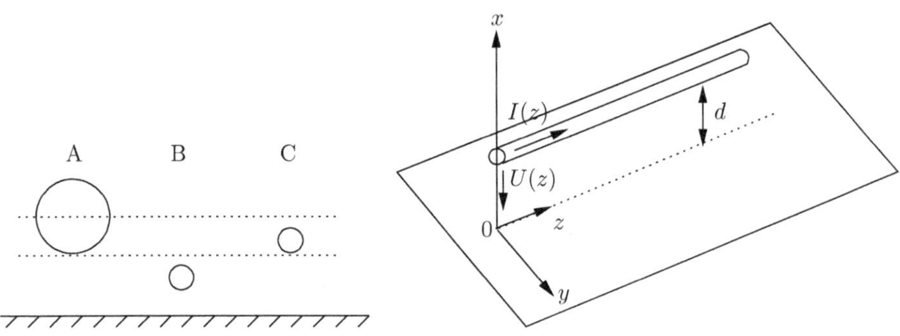

(a) Lage von Ersatzleitern gegenüber dem Original A

(b) Grundmodell für die Störeinkopplung in einen Schirm

Abbildung 5.21.: Störeinkopplung in einen Schirm

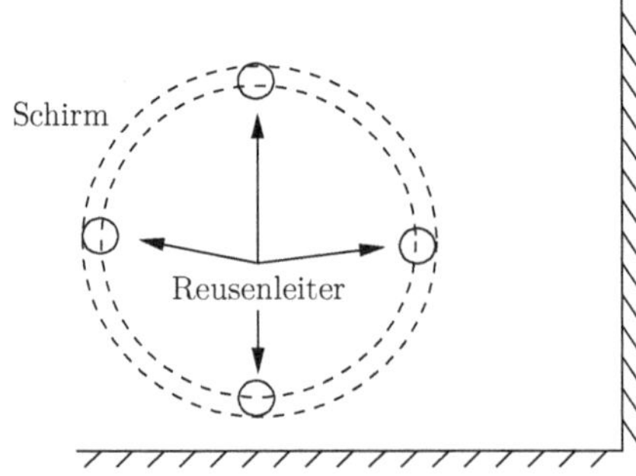

Abbildung 5.22.: Positionierung der Reusenleiter

6. Zusammenfassung

In dieser Arbeit wurde die Störeinkopplung elektromagnetischer Felder in Mehrleiterkabelbäume betrachtet. Das Ziel war dabei, Verfahren für die Modellierung von Mehrleiterkabeln zu untersuchen, mit denen eine effiziente Abschätzung der Störsignale möglich ist.

Die Notwendigkeit für Abschätzungen ergibt sich aus der Begrenzung der Rechenkapazitäten, die für Simulationen bereitstehen. Wird bei verteilten elektronischen Systemen in einer elektrisch großen und komplexen Umgebungsstruktur eine exakte Modellbildung durchgeführt, können sich daraus nicht mehr handhabbare Gleichungssysteme ergeben.

Die präsentierten Ansätze sollen daher eine Modellbildung ermöglichen, die mit einer strukturellen Vereinfachung der Kabelbaummodelle eine Reduzierung der Komplexität des Gesamtmodells bewirken.

In Kapitel 3 wurden dazu verbesserte Vorgehensweisen für die Reduzierung des Querschnitts von Mehrleiterkabeln präsentiert. Diese Ansätze ermöglichen es, anstelle der Originaladern ein äquivalentes Kabelmodell, bestehend aus nur einer einzigen Ader, bei der numerischen Störfestigkeitsanalyse zu verwenden. Durch die Gewichtung der Störfestigkeit der einzelnen Adern können nun auch Kabelbäume mit sehr heterogenen Abschlussnetzwerken ausreichend genau durch eine einzelne Ader nachgebildet werden.

Nachdem auf diese Weise eine Querschnittsreduzierung von Mehrleiterkabeln die Modellkomplexität verringern kann, wird in Kapitel 4 die Möglichkeit der topologischen Zerlegung von Kabelsträngen untersucht. Hier konnte gezeigt werden, dass geschützt verlegte Kabelabschnitte in der Störfestigkeitsanalyse leitungstheoretisch modelliert werden können, um das verbleibende numerisch zu untersuchende Modell weiter zu reduzieren.

In Kapitel 5 erfolgte die Modellierung von Schirmkabeln. Eine leitungstheoretische Betrachtung geschirmter Mehrleiterkabel erlaubt eine erhebliche Reduzierung des Rechenaufwands bei der Störfestigkeitsanalyse dieser Kabel. Für Koaxialkabel existiert eine eingeführte und gut handhabbare Systematik, die den Gesamtaufbau in ein inneres und ein äußeres (Gleichungs-)System zerlegt. Das äußere System, das nur die Außenwirkung des Schirms beschreibt, kann in ein numerisches Modell integriert werden. Die Berechnung der Störeinkopplung auf den Innenleiter erfolgt mithilfe eines zweiten Gleichungssystems, welches unabhängig von der Situation außerhalb des Kabelschirms leitungstheoretisch gelöst werden kann. Die äußeren Störeinflüsse werden mithilfe der Transferparameter sowie Schirmstrom und -spannung in das innere Gleichungssystem transportiert.

Für geschirmte Mehrleiterkabel bietet es sich an, diese von Koaxialkabeln bekannte Zerlegung in zwei Systeme weiterzuverwenden. Dazu gehört bei konsequenter Anwendung auch die in Kapitel 3 untersuchte Beschreibung der Innenleiter eines Mehrleiterkabels durch einen einzelnen äquivalenten Leiter. Mit diesem Ansatz erfolgt in Kapitel 5 die Definition einer äquivalenten Transferimpedanz und einer äquivalenten Transferadmittanz. Diese Größen erlauben eine einfache Berechnung der Störeinkopplung in Mehrleiterkabel, indem die Notation einfacher Koaxialkabel auf eine zum originalen Mehrleitersystem äquivalente (koaxiale) Leitungsbeschreibung angewendet wird. Aus den Ergebnissen für dieses Ersatzsystem können am Ende der Störfestigkeitsanalyse die Einkopplungen in die Originaladern extrahiert werden. Dieses Vorgehen ist gegenüber einer vollständigen Mehrleiterbetrachtung im Schirminneren deutlich vereinfacht und ermöglicht dennoch, wie dargelegt, gute Ergebnisse.

Anhang

A. Bestimmung der Leitungsparameter typischer Kabeltypen

Die Beschreibung der Ausbreitungsvorgänge auf Mehrleiterkabeln erfordert die Kenntnis der Leitungsparameter $\boldsymbol{R'}$, $\boldsymbol{L'}$, $\boldsymbol{G'}$, $\boldsymbol{C'}$. Diese Werte können auf einfache Weise aus den geometrischen Abmessungen der Kabel bestimmt werden. Als Alternative bietet sich eine Messung an, wenn eine hinreichend genaue Bestimmung der geometrischen Abmessungen nicht möglich ist.

Die nachfolgend wiedergegebenen Formeln sind der Literatur [3, 53, 37] entnommen.

A.1. Berechnung aus geometrischen Parametern

Der Widerstandsbelag $\boldsymbol{R'}$ von guten Leitermaterialien und der Leitfähigkeitsbelag $\boldsymbol{G'}$ von gut isolierenden Kabelmänteln können für viele Anwendungen näherungsweise zu 0 gesetzt werden. Die reaktiven Anteile der Leitungsbeläge können nach [3] wie folgt bestimmt werden:

Für eine Mehrleiteranordnung über einer Massefläche nach Abbildung A.1 (links) ergeben sich die Elemente von $\boldsymbol{L}'$ als:

$$L_{ii} = \frac{\mu}{2\pi} \ln\left(\frac{2h_i}{r_{\mathrm{w}i}}\right) , \tag{A.1}$$

$$L_{ij} = \frac{\mu}{4\pi} \ln\left(1 + \frac{4h_i h_j}{s_{ij}^2}\right) . \tag{A.2}$$

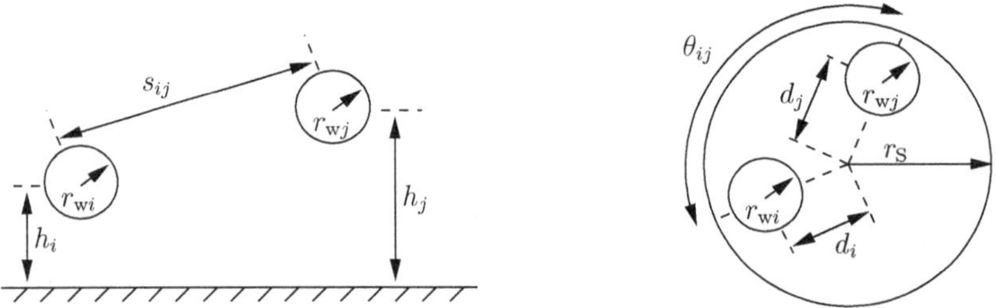

Abbildung A.1.: Bezeichnungen der geometrischen Parameter für Mehrleiterkabel. Links: Kabelbaum über Masse. Rechts: Geschirmtes Mehrleiterkabel

Für geschirmte Mehrleiterkabel nach Abbildung A.1 (rechts) gilt:

$$L_{ii} = \frac{\mu}{2\pi} \ln\left(\frac{r_{\mathrm{S}}^2 - d_i^2}{r_{\mathrm{S}} r_{\mathrm{w}i}}\right) , \tag{A.3}$$

$$L_{ij} = \frac{\mu}{2\pi} \ln\left(\frac{d_j}{r_{\mathrm{S}}} \sqrt{\frac{(d_i d_j)^2 + r_{\mathrm{S}}^4 - 2 d_i d_j r_{\mathrm{S}}^2 \cos(\theta_{ij})}{(d_i d_j)^2 + d_j^4 - 2 d_i d_j^3 \cos(\theta_{ij})}}\right) . \tag{A.4}$$

Die Kapazitätsmatrizen können bei Annahme eines homogenen Umgebungsmediums jeweils aus den Induktivitätsmatrizen bestimmt werden als:

$$\boldsymbol{C} = \boldsymbol{L}^{-1} \cdot \mu \cdot \varepsilon . \tag{A.5}$$

Die Impedanz- und Admittanzbeläge sind definiert als:

$$\boldsymbol{Z}' = \boldsymbol{R}' + \mathrm{j}\omega \boldsymbol{L}' , \tag{A.6}$$

$$\boldsymbol{Y}' = \boldsymbol{G}' + \mathrm{j}\omega \boldsymbol{C}' . \tag{A.7}$$

Die sekundären Leitungsparameter ergeben sich für einen Einfachleiter als:

$$Z_\mathrm{c} = \sqrt{\frac{R' + \mathrm{j}\omega L'}{G' + \mathrm{j}\omega C'}}\,, \tag{A.8}$$

$$\gamma = \sqrt{(R' + \mathrm{j}\omega L') \cdot (G' + \mathrm{j}\omega C')}\,. \tag{A.9}$$

Für Mehrleitersysteme gilt mit Anwendung der Modalzerlegung (vgl. Abschnitt 2.2) [3]:

$$\boldsymbol{Z}_\mathrm{c} = \boldsymbol{Y}'^{-1} \cdot \boldsymbol{T}_\mathrm{I} \cdot \boldsymbol{\gamma} \cdot \boldsymbol{T}_\mathrm{I}^{-1}\,, \tag{A.10}$$

$$\boldsymbol{\gamma}^2 = \mathrm{diag}\{\gamma_n^2\} = (\boldsymbol{T}_\mathrm{U}^{-1}\boldsymbol{Z}'\boldsymbol{Y}'\boldsymbol{T}_\mathrm{U}) = (\boldsymbol{T}_\mathrm{I}^{-1}\boldsymbol{Y}'\boldsymbol{Z}'\boldsymbol{T}_\mathrm{I})\,. \tag{A.11}$$

Da $\boldsymbol{\gamma}^2$ eine Diagonalmatrix ist, kann das Ziehen der Wurzel elementweise erfolgen.

A.2. Berechnung aus Messwerten

Es existieren in der Literatur verschiedene Ansätze, die die Bestimmung der Leitungsparameter aus einfachen Messungen ermöglichen und auch für elektrisch lange Leitungen angewendet werden können [53, 7, 54]. Agrawal et al. [53] schlagen vor, die Eingangsimpedanz der Testleitung für zwei verschiedene ausgangsseitige Abschlüsse zu messen. Die allgemeine Beschreibung des Eingangswiderstands für ein Mehrleitersystem vereinfacht sich für eine kurzgeschlossene Leitung zu:

$$\boldsymbol{Z}_\mathrm{ein,KS} = \tanh(\boldsymbol{\gamma} l) \cdot \boldsymbol{Z}_\mathrm{c} \tag{A.12}$$

und für eine leerlaufende Leitung zu:

$$\boldsymbol{Z}_\mathrm{ein,LL} = \tanh^{-1}(\boldsymbol{\gamma} l) \cdot \boldsymbol{Z}_\mathrm{c}\,. \tag{A.13}$$

Damit können die Ausbreitungskonstanten- und Wellenwiderstandsmatrix berechnet werden als:

$$\boldsymbol{\gamma} = \frac{1}{l} \cdot \mathrm{arctanh}\left((\boldsymbol{Z}_\mathrm{ein,KS} \cdot \boldsymbol{Z}_\mathrm{ein,LL}^{-1})^{\frac{1}{2}}\right)\,, \tag{A.14}$$

$$\boldsymbol{Z}_\mathrm{c} = \left(\boldsymbol{Z}_\mathrm{ein,KS} \cdot \boldsymbol{Z}_\mathrm{ein,LL}^{-1}\right)^{\frac{1}{2}} \cdot \boldsymbol{Z}_\mathrm{ein,LL}\,. \tag{A.15}$$

Die Impedanz- und Admittanzbeläge ergeben sich dann zu:

$$\boldsymbol{Z}' = \gamma \cdot \boldsymbol{Z}_{\mathrm{c}} \, , \tag{A.16}$$

$$\boldsymbol{Y}' = \boldsymbol{Z}_{\mathrm{c}}^{-1} \cdot \gamma \, . \tag{A.17}$$

Hieraus ergeben sich final die primären Leitungsbeläge als:

$$\boldsymbol{R}' = \mathrm{Re}\{\boldsymbol{Z}'\} \, , \tag{A.18}$$

$$\boldsymbol{L}' = \frac{1}{\omega}\mathrm{Im}\{\boldsymbol{Z}'\} \, , \tag{A.19}$$

$$\boldsymbol{G}' = \mathrm{Re}\{\boldsymbol{Y}'\} \, , \tag{A.20}$$

$$\boldsymbol{C}' = \frac{1}{\omega}\mathrm{Im}\{\boldsymbol{Y}'\} \, . \tag{A.21}$$

Wenn ein elektrisch kurzes Kabel der Länge l vermessen wird, können Impedanz- und Admittanzbeläge vereinfachend aus der Messung der Eingangsimpedanz- und Eingangsadmittanzmatrizen bestimmt werden [37]:

$$\boldsymbol{Z}' = \frac{\boldsymbol{Z}_{\mathrm{ein}}}{l} \, , \tag{A.22}$$

$$\boldsymbol{Y}' = \frac{\boldsymbol{Y}_{\mathrm{ein}}}{l} \, . \tag{A.23}$$

Ein weiterer Ansatz für elektrisch kurze Leitungen wird in [10] vorgestellt.

B. Bestimmung der Gleichtaktwellenimpedanz

Die Gleichtaktwellenimpedanz Z_{cm} kann nach [2] wie folgt bestimmt werden:

Mittels einer Modalzerlegung werden aus der Leitungswellenimpedanzmatrix $\boldsymbol{Z}_{\mathrm{c}}$ eines Mehrleitersystems die Wellenimpedanzen $Z_{\mathrm{mc},n}$ in modaler Basis bestimmt:

$$\boldsymbol{Z}_{\mathrm{mc}}^2 = \boldsymbol{T}_{\mathrm{x}}^{-1} \cdot \boldsymbol{Z}' \cdot \boldsymbol{Y}' \cdot \boldsymbol{T}_{\mathrm{x}} = \mathrm{diag}\{Z_{\mathrm{mc},n}^2\} \; , \tag{B.1}$$

mit $\boldsymbol{T}_{\mathrm{x}}$: zugehörige Transformationsmatrix, $n \in 1...p...N$.

Die Spalten von $\boldsymbol{T}_{\mathrm{x}}$ bestehen aus den Eigenvektoren der einzelnen Moden. Der Eigenvektor des Gleichtaktmodes kann dadurch identifiziert werden, dass alle Einträge dasselbe Vorzeichen sowie sehr ähnliche Werte besitzen. Der zugehörige Eintrag in der Matrix der quadrierten modalen Wellenimpedanzen $\mathrm{diag}\{Z_{\mathrm{mc},n}^2\}$ besitzt dieselbe Spaltennummer p wie der Gleichtakt-Eigenvektor in der Transformationsmatrix. Damit ist die Gleichtakt-Wellenimpedanz in modaler Basis als $Z_{\mathrm{mc},p}$ bekannt.

Die modale Gleichtaktwellenimpedanz $Z_{\mathrm{mc},p}$ ergibt sich auch aus der Division der Spannungen U_{cm} durch die Ströme I_{cm} des Gleichtaktmodes auf den einzelnen Adern des Mehrleitersystems. Werden diese N Leiter zusammengefasst, addieren sich die N Gleichtaktströme. Bei Annahme, dass U_{cm} auf allen Leitungen identisch ist, kann die gesuchte Gleichtaktwellenimpedanz Z_{cm} bestimmt werden als:

$$Z_{\mathrm{cm}} = \frac{1}{N} \cdot \frac{U_{\mathrm{cm}}}{I_{\mathrm{cm}}} = \frac{Z_{\mathrm{mc},p}}{N} \; . \tag{B.2}$$

C. Vierpol-Parameter

C.1. Herleitung des Eingangswiderstands aus den Z-Parametern

Die Z-Parameter eines Vierpols sind definiert als:

$$\begin{pmatrix} U_1 \\ U_2 \end{pmatrix} = \begin{pmatrix} Z_{11} & Z_{12} \\ Z_{21} & Z_{22} \end{pmatrix} \cdot \begin{pmatrix} I_1 \\ I_2 \end{pmatrix} . \tag{C.1}$$

Mit dem Widerstand Z_L an Port 2 gilt:

$$U_2 = -I_2 \cdot Z_\mathrm{L} . \tag{C.2}$$

Wird Gl. C.2 in Gl. C.1 eingesetzt und dann Zeile 1 nach $\frac{U_1}{I_1}$ bzw. Zeile 2 nach $\frac{I_2}{I_1}$ umgeformt, kann daraus

$$Z_\mathrm{ein} = \frac{U_1}{I_1} = Z_{11} - \frac{Z_{12} \cdot Z_{21}}{Z_{22} + Z_\mathrm{L}} \tag{C.3}$$

abgeleitet werden.

C.2. Herleitung der Spannungsübertragung aus den ABCD-Parametern

Die ABCD-Parameter sind definiert als:

$$\begin{pmatrix} U_1 \\ I_1 \end{pmatrix} = \begin{pmatrix} A_{11} & A_{12} \\ A_{21} & A_{22} \end{pmatrix} \cdot \begin{pmatrix} U_2 \\ -I_2 \end{pmatrix} . \tag{C.4}$$

Mit Gl. C.2 ergibt sich aus Zeile 1 von Gl. C.4:

$$\frac{U_1}{U_2} = A_{11} + \frac{A_{12}}{Z_\mathrm{L}} . \tag{C.5}$$

D. Abkürzungen und Formelzeichen

Schreibweise

Skalare: kursiv, Vektoren und Matrizen: kursiv und fett

Abkürzungen

EMT	Elektromagnetische Topologie
EMV	Elektromagnetische Verträglichkeit
ESB	Ersatzschaltbild
MTL	en.: multiconductor transmission line - Mehrleiterkabel
STL	en.: single conductor transmission line - Einleiterkabel

Indizes

$(...)_\mathrm{L}$	Lastgröße
$(...)_\mathrm{h}$ / $(...)_\mathrm{p}$	homogene / partikuläre Lösung (einer Differenzialgleichung)
$(...)_\mathrm{red}$	reduziert
$(...)_\mathrm{äq}$	äquivalent
$(...)_\mathrm{orig}$	original

Formelzeichen

δ	Eindringtiefe Skin-Effekt
ε	Permittivitätszahl
γ	Ausbreitungskonstante
Γ	Reflexionskoeffizient
λ	Wellenlänge
μ	Permeabilitätszahl
$\boldsymbol{\phi}$	Raumwinkel
$\mathbf{\Phi}$	Ausbreitungs- / Kettenmatrix
$\boldsymbol{\theta}$	Raumwinkel
$\boldsymbol{\xi}$	Einheitsmatrix
ω	Kreisfrequenz
$\mathbf{1}^{n\times m}$	Matrix mit 1 in jedem Eintrag (n Zeilen und m Spalten)
c	Lichtgeschwindigkeit
C'	Kapazitätsbelag
d	Abstand
$\mathrm{diag}\{R'_n\}$	Diagonalmatrix mit den Elementen R'_n auf der Hauptdiagonalen
$\mathbf{e}_\theta$	Einheitsvektor mit Richtung θ
E	Elektrische Feldstärke
E_{inc} / H_{inc}	Einfallendes (en: incident) elektrisches / magnetisches Feld
f	Frequenz
f_{cut}	Grenzfrequenz
G'	Leitfähigkeitsbelag
h	Höhe
H	Magnetische Feldstärke
$\boldsymbol{k}$	Wellenvektor
k_0	Kreiswellenzahl, Betrag des Wellenvektors
k_w	Wirbelstromkonstante
l	Länge (meist einer Leitung)
L	Induktivität
L'	Induktivitätsbelag
$L'_{\mathrm{ä}}$ / L'_{i}	Äußerer / Innerer Induktivitätsbelag
M	Gegeninduktivität

N	Anzahl Leiter in einem Mehraderkabel
r	Radius
R'	Widerstandsbelag
R_0	Gleichstromwiderstand
R_S	Strahlungswiderstand
T / T_{U} / T_{I}	Transformationsmatrix allgemein / für U / für I
U^+/U^-	hin- bzw. rücklaufende Wellengröße (hier Spannung)
U_{i} / I_{i}	Spannung / Strom am / auf dem Innenleiter
U_{m} / I_{m}	modale Spannung / modaler Strom
U_{s} / I_{s}	diskrete Spannungsquelle / Stromquelle
U'_{s} / I'_{s}	"verteilte" Spannungsquelle / Stromquelle (Quellenbelag)
U_{S} / I_{S}	Spannung / Strom auf einem Kabelschirm
v	Ausbreitungsgeschwindigkeit
$\boldsymbol{V}(z)$	$:= (\boldsymbol{U}(z)\ \boldsymbol{I}(z))^T$, Spannungen und Ströme kompakt notiert
z	Position auf der Leitung, Ausbreitungsrichtung (i. d. R. $z \in [0,l]$)
Z	Impedanz (häufig: Abschlussimpedanz)
Z_0	Freiraumwellenwiderstand
Z_{c} / Y_{c}	Leitungswellenimpedanz / -admittanz
Z_{cm}	Gleichtaktwellenimpedanz (cm: common mode)
Z_{ein}	Eingangsimpedanz
Z' / Y'	Leitungsimpedanz / -admittanz
Z'_{T} / Y'_{T}	Transferimpedanz / -admittanz
$Z'_{\mathrm{T,äq}}$ / $Y'_{\mathrm{T,äq}}$	äquivalente Transferimpedanz / -admittanz

Literaturverzeichnis

[1] PARMANTIER, J.-P.: *Numerical coupling models for complex systems and results.* IEEE Transactions on Electromagnetic Compatibility, 46(3):359–367, August 2004.

[2] ANDRIEU, GUILLAUME: *Elaboration et application d'une méthode de faisceau équivalent pour l'étude des couplages électromagnetiques sur réseaux de câblages automobiles.* Doktorarbeit, Université de Lille, Dezember 2006.

[3] PAUL, CLAYTON R.: *Analysis of Multiconductor Transmission Lines.* Wiley, 1994.

[4] WENDT, DIRK OLIVER: *Berücksichtigung von Strahlungseffekten in der Leitungstheorie.* Doktorarbeit, Technische Universität Hamburg-Harburg, 1995.

[5] TESCHE, F. M.: *Principles and applications of EM field coupling to transmission lines.* In: *EMC Zurich Symposium*, Band 9, Seiten 21–31, Zürich, März 1995.

[6] TESCHE, FREDERICK M., MICHEL V. IANOZ und TÖRBJÖRN KARLSSON: *EMC Analysis Methods and Computational Methods.* Wiley, 1997.

[7] UNGER, H.-G.: *Elektromagnetische Wellen auf Leitungen.* Hüthig Buch Verlag, Heidelberg, 4. Auflage, 1996.

[8] NUCCI, C.A. und F. RACHIDI: *On the Contribution of the Electromagnetic Field Components in Field-to-Transmission Line Interaction.* IEEE Transactions on Electromagnetic Compatibility, 37(4):505–508, November 1995.

[9] GEBELE, OLIVER: *EMV-Analyse beliebiger Leitungen über oberflächendiskretisierten metallischen Strukturen.* Doktorarbeit, Technische Universität Hamburg-Harburg, 2003.

[10] SATTLER, FRANK: *Die Bestimmung der komplexen Transferimpedanzen geschirm-*

ter mehradriger Kabel. Doktorarbeit, Technische Universität Hamburg-Harburg, 1996.

[11] STEINMETZ, TORSTEN: *Ungleichförmige und zufällig geführte Mehrfachleitungen in komplexen, technischen Systemen.* Doktorarbeit, Otto-von-Guericke-Universität Magdeburg, Juni 2006.

[12] TESCHE, FREDERICK M.: *Development and Use of the BLT Equation in the Time Domain as Applied to a Coaxial Cable.* IEEE Transactions on Electromagnetic Compatibility, 49(1):3–11, Februar 2007.

[13] TESCHE, F. M. und C.M. BUTLER: *On the addition of EM field propagation and coupling effects on the BLT equation. Interaction Note 588.* Technischer Bericht, Kirtland AFB, Dezember 2003.

[14] TESCHE, F.M. und T.K. LIU: *Application of multiconductor transmission line network analysis to internal interaction problems.* Electromagnetics, 6(1):1–20, 1986.

[15] PAUL, C.R.: *Decoupling the multiconductor transmission line equations.* IEEE Transactions on Microwave Theory and Techniques, 44(8):1429–1440, August 1996.

[16] PAUL, C.R.: *A simple SPICE model for coupled transmission lines.* In: *IEEE International Symposium on Electromagnetic Compatibility*, Seiten 327–333, August 1988.

[17] BRANIN, F.H. JR.: *Transient analysis of lossless transmission lines.* Proceedings of the IEEE, 55(11):2012–2013, November 1967.

[18] SEN, B.K. und R.L. WHEELER: *Skin effects models for transmission line structures using generic SPICE circuit simulators.* In: *IEEE 7th topical Meeting on Electrical Performance of Electronic Packaging*, Seiten 128–131, Oktober 1998.

[19] PAUL, C.R.: *A SPICE model for multiconductor transmission lines excited by an incident electromagnetic field.* IEEE Transactions on Electromagnetic Compatibility, 36(4):342–354, November 1994.

[20] XIE, HAIYAN, JIANGUO WANG, RUYU FAN und YINONG LIU: *Application of a SPICE Model for Multiconductor Transmission Lines in Electromagnetic Topology.*

In: *Progress In Electromagnetics Research Symposium*, Seiten 237–241, Juli 2008.

[21] MAIO, I., FG CANAVERO und B. DILECCE: *Analysis of crosstalk and field coupling to lossy MTLs in a SPICE environment.* IEEE Transactions on Electromagnetic Compatibility, 38(3):221–229, 2002.

[22] SHINH, G.S., N.M. NAKHLA, R. ACHAR, M.S. NAKHLA, A. DOUNAVIS und I. ERDIN: *Fast transient analysis of incident field coupling to multiconductor transmission lines.* IEEE Transactions on Electromagnetic Compatibility, 48(1):57–73, 2006.

[23] ANDRIEU, GUILLAUME, LAMINE KONÉ, FRÉDÉRIC BOCQUET, BERNARD DÉMOULIN und JEAN-PHILIPPE PARMANTIER: *Multiconductor Reduction Technique for Modeling Common-Mode Currents on Cable Bundles at High Frequency for Automotive Applications.* IEEE Transactions on Electromagnetic Compatibility, 50(1):175–184, Februar 2008.

[24] NITSCH, JÜRGEN und FRANK GRONWALD: *Analytical Solutions in Nonuniform Multiconductor Transmission Line Theory.* IEEE Transactions on Electromagnetic Compatibility, 41(4):469–479, November 1999.

[25] OMNID, M.: *Field Coupling to Nonuniform and Uniform Transmission Lines.* In: *IEEE Transactions on Electromagnetic Compatibility*, Band 39, Seiten 201–2011, 1997.

[26] BAUM, CARL E.: *Electromagnetic topology: A formal approach to the analysis and design of complex electronic systems.* Technischer Bericht, Interaction Notes - Note 400, Air Force Weapons Laboratory, 1980.

[27] PARMANTIER, JEAN PHILIPPE und PIERRE DEGAUQUE: *Topology based modelling of very large systems.* Modern Radio Science, Seiten 151–177, 1996.

[28] BRAUER, F. und J. L. TER HASEBORG: *Linear and nonlinear filters under high power microwave conditions.* Advances in Radio Science, 7:255–259, 2009.

[29] RIDDLE, MICHAEL LEROY: *Modeling Multiple Conductor Transmission Lines.* Technischer Bericht, Center for Communications and Signal Processing, Department of Computer Scienece, North Caroline State University, April 1988.

[30] KEGHIE, J., B. SCHETELIG, R. RAMBOUSKY und S. DICKMANN: *Entwurf und Analyse eines generischen Mehrraumsystems unter dem Gesichtspunkt der EMV.* Kleinheubacher Tagung, Miltenberg, September 2010.

[31] KARK, KLAUS: *Antennen und Strahlungsfelder: Elektromagnetische Wellen auf Leitungen, im Freiraum und ihre Abstrahlung.* Vieweg, 1. Auflage, 2004.

[32] STORER, J.E. und R. KING: *Radiation Resistance of a Two-Wire Line.* Proceedings of the IRE, 39(11):1408–1412, November 1951.

[33] COZZA, A. und F. CANAVERO: *A closed-form formulation for the total power radiated by a single-wire overhead line.* In: *16th International Zurich Symposium on Electromagnetic Compatibility,* Seiten 529–534, Zürich, 2005.

[34] COZZA, A. und B. DEMOULIN: *Closed-Form Expressions for the Total Power Radiated by an Electrically Long Multiconductor Line.* IEEE Transactions on Electromagnetic Compatibility, 51(1):119–130, Februar 2009.

[35] DEGAUQUE, P. und A. ZEDDAM: *Remarks on the transmission-line approach to determining the current induced on above-ground cables.* IEEE Transactions on Electromagnetic Compatibility, 30(1):77–80, Februar 1988.

[36] VANCE, EDWARD F.: *Coupling to shielded cables.* John Wiley & Sons, Inc., 1978.

[37] JUNG, LORENZ: *Einfluß von Schirminhomogenitäten bei Mehrleiterkabeln auf die komplexe Transferimpedanz.* Doktorarbeit, Technische Universität Hamburg-Harburg, 2003.

[38] KADEN, HEINRICH: *Wirbelströme in der Nachrichtentechnik.* Springer Verlag, 2. Auflage, 1959.

[39] WOLFSPERGER, H.A.: *Elektromagnetische Schirmung: Theorie und Praxisbeispiele.* Springer Verlag, 2008.

[40] HELMERS, S. und K.H. GONSCHOREK: *On the contribution of transfer admittance to external field coupling into shielded cables.* In: *IEEE International Symposium on Electromagnetic Compatibility,* Band 1, Seiten 206–211, 1999.

[41] KLEY, THOMAS: *Optimierte Kabelschirme - Theorie und Messung.* Doktorarbeit,

Eidgenössische Technische Hochschule Zürich, 1991.

[42] HELMERS, SVEN: *Einkopplung elektrischer Felder in geschirmte Kabel der Mess- und Leittechnik.* Doktorarbeit, Technische Universität Dresden, 2001.

[43] HAASE, H. und J. NITSCH: *High frequency model for the transfer impedance based on a generalized transmission-line theory.* In: *IEEE International Symposium on Electromagnetic Compatibility*, Band 2, Seiten 1242–1247, 2001.

[44] HAASE, HEIKO: *Full-Wave Field Interactions of Nonuniform Transmission Lines.* Doktorarbeit, Otto-von-Guericke-Universität Magdeburg, 2005.

[45] WEITZE, FRANK: *Ausbreitung eingekoppelter Störströme auf abgeschirmten Leitungen.* Doktorarbeit, Technische Universität Hamburg-Harburg, 1991.

[46] KASDEPKE, THOMAS: *Simulation von Störströmen auf geschirmten mehradrigen Kabeln.* Doktorarbeit, Technische Universität Hamburg-Harburg, 1997.

[47] DEMOULIN, B., L. KONE, M. ROCHDI und P. DEGAUQUE: *Comparative study of some methods to measure the transfer impedance of coaxial cables in few kHz – few GHz frequency range.* In: *9th International Zurich Symposium and Technical Exhibition on Electromagnetic Compatibility*, Seiten 169–174, Zürich, März 1991.

[48] MORRIELLO, A., T.M. BENSON, A.P. DUFFY und C.F. CHENG: *Surface transfer impedance measurement: A comparison between current probe and pull-on braid methods for coaxial cables.* IEEE Transactions on Electromagnetic Compatibility, 40(1):69–76, Februar 1998.

[49] DEGAUQUE, PIERRE und JOEL HAMELIN: *Electromagnetic Compatibility.* Oxford Science Publications, 1993.

[50] TIEDEMANN, R.: *Schirmwirkung koaxialer Geflechtsstrukturen.* Doktorarbeit, Technische Universität Dresden, 2001.

[51] JUNG, LORENZ: *Vereinfachung des triaxialen Meßaufbaus zur Bestimmung der komplexen Transferimpedanzen von Mehrleiterkabeln.* In: *EMV 2004. 12. Internationale Fachmesse und Kongress für Elektromagnetische Verträglichkeit*, Seiten 573–582. VDE-Verlag, Februar 2004.

[52] BRÜNS, H. D. und K. H. GONSCHOREK: *Efficient determination of the complex cable transfer impedance using arbitrary outer circuits.* In: *9th International Zurich Symposium and Technical Exhibition on Electromagnetic Compatibility*, Seiten 163–168, Zürich, März 1991.

[53] AGRAWAL, A.K., YU.N., L.D. SCOTT und H.M. FOWLES: *Experimental Characterization of Multiconductor Transmission Lines in the Frequency Domain.* IEEE Transactions on Electromagnetic Compatibility, EMC-21(1):20–27, Februar 1979.

[54] KASDEPKE, T. und J. L. TER HASEBORG: *A method for measuring the primary line parameters of multiconductor transmission lines.* In: *10th International Zurich Symposium and Technical Exhibition on Electromagnetic Compatibility*, Seiten 245–250, Zürich, März 1993.

ibidem-Verlag

Melchiorstr. 15

D-70439 Stuttgart

info@ibidem-verlag.de

www.ibidem-verlag.de
www.ibidem.eu
www.edition-noema.de
www.autorenbetreuung.de

Zeitfracht Medien GmbH
Ferdinand-Jühlke-Straße 7
99095 Erfurt, Deutschland
produktsicherheit@kolibri360.de